맛

음식에 숨겨진 맛있는 과학

이야기

세상에는 수만 종류의 음식이 있고 각각 맛이 다릅니다. 그러면 세상에는 수만 가지 맛이 있을까요? 전혀 아닙니다. 혀에는 유두라는 부위에 미뢰가 있고, 미뢰에 백여 개의 미각세포가 있습니다. 그리고 미각세포 의 끝부분에 맛 수용체가 있습니다. 혀에는 약 1,000만 개의 미각세포가 있지만 종류는 불과 5가지뿐 입니다. 단맛, 신맛, 짠맛, 감칠맛, 쓴맛 이게 전부입니다. 사과 맛, 딸기 맛, 당근 맛, 고기 맛 등 이 따로 있는 것이 아니라는 이야기입니다. 사실 우리가 생각하는 맛은 대부분 향입니다. 사과 에는 사과 맛 성분이 있는 것이 아니고 사과 향 성분만 있고, 딸기에는 딸기 맛 성분이 있는 것이 아니고, 딸기 향 성분만 있습니다. 과일의 맛 성분은 단맛과 신맛 2가지가 거의 전부이고 나머지는 향 인데, 굉장히 적은 양의 향기 물질에 의한 것입니다. 음식을 먹을 때 입 뒤로 코와 연결된 작은 통로를 통해 냄새 물질이 휘발해 느껴지는 향이 수만 가지 맛의 실체입니다. 그래서 비염으로 염증이 생기면 다양한 맛 은 사라집니다. 코를 막고 먹으면 맛은 희미해지고 불완전해집니다. 음식을 먹을 때 혀와 코로 올라가는 공 기를 차단해도 맛은 사라집니다.

최낙언 지음

행성B윙새

《장사는 전략이다》를 쓰기 전 책장에서 제일 먼저 꺼낸 책이 최낙언 선생의 《맛의 원리》였다. 음식평론가도 홀딱 반할 보석 같은 정보들이 그득했기 때문이다. 선생의 신작 《맛 이야기》는 내게 다시 한 번 책 쓰기를 부추긴다. '맛 종합선물세트' 같은 이 책을 지나친다면 당신은 땅을 치고 후회할 것임에 틀림이 없다. 세상에는 두 종류의 독자가 있다. 최낙언 선생의 맛있는 글을 읽은 독자와 그냥 독자.

_김유진(《장사는 전략이다》저자, 푸드 칼럼니스트)

레오나르도 다빈치는 많은 분야에서 탁월한 업적을 남긴 과학자요, 미술가요, 요리사다. 그가 혼자서 그 모든 것을 완성했다기보다는 당시 다른 사람들에 의해 생각되고 연구된 것들을 잘 종합해 새로운 분야를 개척한 것이다. 그가 오늘날 융합전문가로 불리는 이유다. 식품은 한 마디로 종합과학이다. 화학, 미생물, 공학, 심리학, 영양학 등 다양한 분야를 접목해 만든 분야이다. 그래서 각 분야의 전문가들이 있기는 하나 이를 통합적으로 바라볼 줄 아는 사람은 매우 드물다. 맛이라는 분야도 매우 복잡한 학문으로 얽혀 있다. 까닭에 연구하기도 어렵고 관련된 이야기를 꺼내기가 매우 조심스럽다. 그런데 최낙언은 마치 다빈치와도 같이 다양한 분야식품학, 뇌과학, 심리학, 생리학, 사회학 등의 식견을 가지고 '맛'이라는 방대한 이야기를 풀어낸다. 맛을 단순한 맛으로만 보지 않고 우리가 어떻게 맛을 느끼는가를 살펴보기 위해 뇌과학을 도입한다. 익숙하지 않은 뇌과학 분야의 용어를 알기 쉽게 풀어나가며 전혀 지루함을 주지 않고 맛을 설명한다.

우리 생활 속의 이야기를 곁들여 설명하면서 음악의 세계뿐만 아니라 뇌과학과 심리학적인 요소를 첨가하여 설명해주고 있다. 또한 인간의 생리적인 변화가 맛을 어떻게 끌어내고 표현하는지, 아울러 사회성을 지닌 인간이 어떻게 맛을 추구해야 진정한 맛을 발견하고 행복할 수 있는지를 이야기한다. 특히 많은 사람이 관심을 갖는 다이어트도 단순히 영양만의 문제가 아니라 뇌가 무엇을 생각하고 있는지 알아야 하며, 몸이 원하지 않는 방향으로 다이어트를 하면 실패할 수밖에 없다는 점을 뇌과학과 연결해 설명한 부분은 매우 이채롭다.

이 책은 음식에 관심 있는 사람들, 요리사를 꿈꾸는 학생들, 음식을 조리하는 셰프들, 또 매일 가족이 먹을 음식을 만드는 주부들이 읽으면 좋을 것 같다. 맛의 세계를 제대로 이해하고 또 다른 행복을 발견할 수 있는 방법을 제시하고 있기 때문이다. 최낙언과 같은 저자를 만날 수 있다는 것은 우리에게 굉장히 큰 행복이다.

_노봉수(서울여자대학교 식품공학과 교수)

저자 최낙언 선생과 수차례 음식과 맛에 관해 이야기를 나누었다. 그가 했던 이야기 중 가장 강력하게 내 마음에 꽂힌 것은 "음식은 과학으로 이해하고 문화로 소비할 때 그 가치가 높아진다"라는 이야기였다. 그의 초기작《당신이 몰랐던 식품의 비밀 33가지》와《Flavor, 맛이란 무엇인가》는 과학을 말하고 있다. 그는 맛에 관한 부족한 이해와 음식에 관한 편견과 오해가 음식의 가치를 떨어뜨린다고 판단했다. 그래서 음식과 맛에 대한 과학 지식을 올바로 알려 음식의 본래 가치를 회복시키려고 했다.

사이비 과학에 휘둘려 유기농 식품과 생식이 병을 치료한다고 굳게 믿은 사람들은 그의 책을 읽고 비로소 음식을 과학으로 이해하기 시작했다. 그의 저서를 읽은 독자들은 음식의 가치를 다시, 제대로 평가하기 시작했다. 나도 그들 중의 하나이다. 이후에 출간된《진짜 식품첨가물 이야기》,《과학으로 풀어본 커피향의 비밀》,《맛의 원리》도 역시 음식을 과학으로 이해하고자 하는 책이다. 음식과 맛의 과학 지식을 더 깊고 넓게 전달하고 있다.

최낙언 선생의 신작《맛 이야기》는 그의 책이 앞으로 한 발짝 더 나아갔다는 것을 분명히 보여주는 책이다. 이 책은 음식과 맛에 대한 과학적 접근과 더불어 음식의 문화와 역사를 이야기하고 있다. 과학에 인문학을 더한 '맛에 관한 종합 해설서'라고 할 수 있다. 독자들은 이 책을 통해 비로소 음식의 가치를 완벽히 이해하고 제대로 평가할 수 있다. 그의 '맛

이야기'는 진화하고 있다.

미식의 1단계는 맛의 차이를 즐기는 것에서 시작하고, 2단계에서는 조리 방법을 이해함으로써 미식에 좀 더 다가갈 수 있으며, 마지막 3단계에서 식재료를 이해하는 것으로 미식은 완성된다. 그렇다면 어떻게 맛의 차이를 즐기고, 어떻게 조리 방법과 식재료를 이해할 수 있을까? 맛, 조리 방법, 식재료에 대한 이해는 과학으로 접근해 문화로 소비 경험을 쌓아야 비로소 완성된다. 그 첫걸음은《맛 이야기》를 읽는 것에서 시작될 것이다.

_문정훈(서울대 농경제사회학부 교수, 푸드비즈랩 소장)

이야기를
시작하며

내가 맛에 대해 처음으로 쓴 책이 《Flavor, 맛이란 무엇인가》입니다. 맛과 향에 대한 오해가 너무 많아서 맛의 다양한 현상을 좀 더 과학적으로 설명해보고자 쓴 책인데 생각보다 많은 분이 좋아해 주셨습니다. 그 뒤로도 여러 이유로 맛과 향에 대한 책을 몇 권 더 썼습니다. 그런데 그동안의 책들은 부분적이거나 전문적인 내용이었습니다. 까닭에 일반 독자들이 제 책을 부담 없이 읽고 맛의 전체적인 맥락을 쉽게 이해할 수 있는 '맛 종합 교양서'가 있으면 좋겠다는 출판사의 기획에 공감하게 되었습니다.

맛을 제대로 이해하기는 쉽지 않습니다. 맛에 관한 세미나 요청을 받으면, 맛 이야기는 적어도 10회 정도 강연을 해야 어느 정도 설명이 가능하다고 말합니다. 맛을 조금만 깊숙이 알려고 하면 관련해 살펴봐야 할 내용이 많습니다. 그런데 '맛의 과학'은 불모지나 다름없습니다. 꼭 알아야 할 기본적인 지식마저도 잘 알려지지 않았거나 잘못 알려진 것들이 너무나 많습니다. 내가 《Flavor, 맛이란 무엇인가》라는 책에서 사과에는 사과 맛 성분은 없고, 오직 사과 향만 있다고 강조한 것은 그런 이유 때문입니다. 시중에 나온 '미각의 교과서'마저 이미 엉터리로 판명이 난 혀의 맛 지도를 그대로 싣고 있는 실정입니다.

과학은 맛에 대해 10퍼센트도 설명하지 못하고, 맛은 인문학이나 감성의 영역이라고 생각하는 경우가 많습니다. 그래서 맛을 과학적으로 이야기하는 경우는 거의 없고 제대로 된 '맛 이론'도 없습니다. 식품 전공자가 배우는 것도 식품의 성분이나 가공법, 요리법 등이지 왜 우리가 그것을 맛있다고 느끼는지 제대로 설명하지 못합니다. 사실 나 자신도 맛을 과학적으로 설명할 수 있을 거라고 생각하지 못했습니다. 책을 쓰고 맛을 공부 하다 보니 점점 맛도 충분히 과학적으로 설명이 가능하다는 것을 알게 되었습니다. 그래서 세상에서 가장 포괄적인 맛의 이론을 만들어 보고자 《맛의 원리》라는 책을 출판하기도 했습니다.

나는 오랫동안 식품회사 연구소에서 근무하면서 많은 신제품을 접했습니다. 신제품이 나오면 여러 연구원과 같이 맛을 평가하고 그 제품의 성공 가능성을 예측하곤 했습니다. 하지만 결과는 잘 안 맞았습니다. 특별해 보이지 않는 것이 대단한 성공을 거두기도 히고, 좋은 평가를 받은 것이 시장에서 차갑게 외면 받는 경우가 더 많았습니다. 사실 식품회사가 개발 단계에서 수많은 소비자 조사를 하지만, 그런 시장 조사가 신제품의 성공을 보장해주지는 않습니다. 나는 식품도 개발해보고, 마케팅 공부도 해보고, 누구보다 많이 신제품을 관찰해본 경험이 있습니다. 그러면서 공부하고 집필 작업을 하고 자연과학 지식을 연결 지으면서, 생각보다 많은 답을 찾게 되었습니다. 신경과학, 생리학 등에서 맛의 인지와 쾌락의 원리를 찾았고, 맛의 심리 중에서 상식적으로 이해하기 힘든 부분은 진화심리학에서 그 답을 찾기도 했습니다.

맛의 진정한 감동은 어디에서 오는 것일까요? 맛은 음식을 먹을 때 느끼는 즐거움이니 당연히 음식에서 오는 것이라고 생각하기 쉽지만 음식 자체가 설명하는 것은 맛의 즐거움 전체 중에 극히 일부일 뿐입니다. 맛의 감각과 지각의 원리부터 맛의 가치까지 맛에 대한 거의 모든 것을 전체적으로 다루면서 단맛, 짠맛, 매운맛, 그리고 자연의 맛, 본연의 맛, 절대적 미각 같은 그동안 다루지 못했던 몇 가지 주제에 대해서 좀 더 쉽고 깊이 있게 다루어보고자 하였습니다. 단맛설탕, 짠맛소금 같은 것은 워낙 일상적인 주제라 간단해 보이지만, 자세한 내막을 들여다보면 결코 만만한 주제가 아닙니다.

나트륨이나 당류 줄이기 운동, 소금과 설탕에 관한 이야기는 많이 듣지만, 왜 짜기 만한 소금을 줄이는 것이 그렇게 힘든 것인지, 너무나 흔하고 먹다 보면 금방 싫증나는 설탕을 줄이는 것이 왜 그리 힘든지 그 이유를 일반인들이 정확히 알기는 어렵습니다. 맛은 가장 일상적이고도 강력한 즐거움이며 평생을 함께하는 즐거움이지요. 그래서 우리는 맛 이야기에 관심도 많고 온갖 맛집을 찾아다닙니다. 그럼에도 맛의 실체에 대해 전혀 모르고 있다면 안타까울 뿐입니다. 맛은 제대로 알수록 더 황홀하게 즐길 수 있고, 자신의 취향에 자신감을 가질 수 있습니다. 이 책이 음식과 맛의 진정한 의미가 무엇인지 진지하게 생각해볼 기회가 되기를 바라는 마음입니다.

바쁘신 와중에 정성 어린 추천사를 써주신 서울여대 노봉수 교수, 김유진 맛컬럼니스트, 서울대 문정훈 교수께 감사드립니다. 그리고 이 책이 나오는 과정에 많은 격려와 지원을 해주신 ㈜진성에프엠 김진수 대표, ㈜서울향료 모연근 전무께도 깊은 감사드립니다.

최낙언

| 목차 |

1장

'맛'을
발견하다

- 조금 더 맛있는 음식을 찾는 사람들
- 알수록 아리송한 맛의 실체
- 맛을 좌우하는 것은 무엇일까
- 쓴맛에 유독 예민한 이유

조금 더
맛있는 음식을
찾는 사람들

맛, 숭배의 대상이 되다

요즘은 가히 요리와 먹방의 전성시대입니다. 음식과 식도락이 삶의 중심이 되어 방송은 온갖 음식 이야기로 가득합니다. 이것은 딱히 우리나라만의 이야기는 아니고 세계적인 경향입니다. 모두가 음식과 맛에 빠져 있으니 요리사는 선망의 직종이 되었죠. 그런데 우리는 왜 이렇게 음식과 맛에 집착하는 것일까요? 더 맛있는 음식을 먹는다고 지금보다 건강해지거나 날씬해지는 것도 아닌데 말입니다.

식품이 갖추어야 할 요소는 많습니다. 무엇보다 안전해야 하고, 적절한 비용에 구입할 수 있도록 경제성을 갖추어야 하며, 우리가 살아가는 데 필요한 영양을 공급해야 합니다. 그리고 무엇보다 '맛'이 있어야 하죠. 건강에 도움이 되면 더욱 좋고요. 여기에서 안전성은 식품이 갖추어야 할 최소한의 조건이므로 타협의 여지가 없이 무조건 안전해야 합니다. 경제성은 품질 대비 가격이 얼마나 저렴한지인데, 저렴한 가격만이 최선은 아니지요.

가령, 우리는 1,500원짜리 김밥을 사 먹을 수도 있고 15,000원짜리 김밥을 사 먹을 수도 있습니다. 가격이 10배라고 영양이나 건강이 10배 좋은 것은 아니지만 자신이 느끼기에 그만큼 맛이 있거나 가치가 있다고 생각하면 얼마든지 그런 선택을 할 수 있습니다. 이처럼 식품은 언제부터인지 맛과 영양이 분리되기 시작했습니다. 말로만 건강과 영양이지 실제 식품 구입의 결정적 요인은 맛인 경우가 대부분입니다. 맛을 비교하면서 식품이나 식당을 골라도, 영양성분표를 비교하면서 식품이나 식당을 고르는 경우는 없지 않은가요.

우리는 맛의 전성시대, 또는 맛의 패권 시대를 살고 있지만 정작 맛의 실체에 대해서는 잘 모르는 경우가 대부분입니다. 그때그때 맛이 있고 없고를 판단하기는 쉬워도 정작 본인이 왜 그것을 맛있다고 느끼는지 설명하지 못합니다. 정말 별것 아닌 것 같은 소금이나 설탕을 넣으면 왜 음식 맛이 확 살아나는지 설명하지 못하고, 그 자체로는 절대로 먹지 않을 매운 고춧가루나 자극적 향신료를 넣으면 왜 그리 맛있어지는지 정확히 설명하지 못하죠. 그러저러한 맛의 현상을 제대로 설명하려면 맛 성분과 향기 성분은 무엇이고, 그것을 우리 몸이 어떻게 감각하고 인지하는지, 그리고 3,000만 종이 넘은 화학 물질 중에서 왜 그런 일부 성분에 대해서만 감동하는지, 그 진화적 배경을 알아야 하고 우리의 욕망과 본성을 모두 아울러야 하는데 결코 쉽지 않습니다. 어찌 보면 맛은 과학적으로 설명하기 가장 어려운 현상 중 하나입니다. 그래서 많은 사람이 맛은 아예 과학의 영역이 아니라고 말하기도 합니다.

지금은 알파고와 같은 인공지능이 연구되고, 마음마저 뇌과학으로 설명하는 시대입니다. 과학으로 설명되는 것은 과학으로 이해하면 불필요한 논란과 집착을 줄어들고, 진정한 가치를 발견하는 데 힘을 집중할 수도 있지요. 맛의 진정한 가치는 무엇일까요?

우리는 맛있는 음식을 위한 수고와 비용을 아끼지 않습니다. 세상에는 다양한 쾌락이 있지만 음식만한 것도 없는 것 같습니다. 맛의 즐거움은 매일 꼬박꼬박 하루에 세 번, 평생을 찾아옵니다. 더구나 요리는 재료와 조리법의 조합으로 무한히 다양하고 창의적일 수 있습니다. 나와 상대의 기분을 좋게 할 수도 있지요. 때론 식재료의 역사와 특성을 알아가는 즐거움을 주기도 하는데 지식을 쌓을수록 먹는 즐거움은 높아집니다. 그러다 보니 맛을 지나치게 숭배하기도 하고, 지나치게 집착해 오죽하면 '음식 포르노'라는 말이 등장할 정도입니다. 자신의 기준에 맞지 않는 음식에 지나치게 가혹한 평가를 내리기도 합니다.

사실 심한 분노를 느낀다는 것은 그만큼 자신이 그것에 대한 뚜렷한 기준이 있고, 많은 애정을 가졌다는 뜻일 텐데요. 세상에는 그런 사람도 있고, 음식은 살아가는 데 필요한 연료영양일 뿐이라며 필요한 영양분을 갖춘 영양 음료 한 컵에 만족하는 사람도 있습니다. 음식의 종류만큼이나 사람의 특성도 다양한 것 같습니다.

맛은 매우 주관적인 영역이고 매우 복잡한 현상이지만, 정말 사소한 양의 냄새 물질과 맛 물질의 조합에 의한 현상이기도 합니다. 그것이 생존에 별로 중요한 것이 아니니 가치가 없다고 하는 것은, 음악이 생존에 당장 도움이 되지 않으니 쓸모없는 것이라고 말하는 것과 같습니다. 오히려 맛의 가치는 예술의 가치와 같은 원리인데 "왜 음식은 예술로 대접받지 못하는가?"라는 질문이 의미 있는 것 같습니다.

나는 이 책을 통해 음식과 성분의 과학을 맛과 마음의 과학으로 이어보려 합니다. 그래서 우리의 본성과 맛의 실체를 좀 더 잘 알게 된다면 우리는 음식을 좀 더 편안하게 바라볼 수 있게 될 것이고, 여러 가지 질문에 대한 답을 좀 더 쉽게 찾을 수 있게 될 것입니다.

알수록
아리송한
맛의 실체

음식의 맛을 좌우하는 냄새 물질

세상에는 수만 종류의 음식이 있고 각각 맛이 다릅니다. 그러면 세상에는 수만 가지 맛이 있을까요? 전혀 아닙니다. 혀에는 유두라는 부위에 미뢰가 있고, 미뢰에 100여 개의 미각세포맛 감지세포가 있습니다. 그리고 미각세포의 끝부분에 맛 수용체센서가 있습니다. 혀에는 약 1,000만 개의 미각세포가 있지만 종류는 불과 5가지뿐입니다. 단맛, 신맛, 짠맛, 감칠맛, 쓴맛 이게 전부입니다. 사과 맛, 딸기 맛, 당근 맛, 고기 맛 등이 따로 있는 것이 아니라는 이야기입니다. 서양에서는 그리스 로마시대부터 맛은 단맛, 신맛, 짠맛, 쓴맛 네 가지라고 했으니 나름 상당히 정확했던 셈입니다. 그리고 5번 째 맛의 실체가 밝혀진 것은 아주 최근의 일입니다. 1907년 일본의 화학자 이케다 키쿠나가 다시마의 추출물을 통해 감칠맛 성분이 글루탐산임을 밝혔고, 핵산계 조미료인 이노신산이 1913년 가쓰오부시에서, 구아닐산이 1957년 표고버섯에서 발견되었습니다. 이것들이 감칠맛의 핵심물질인데 모두 일본의 연구 결과로 밝혀진 것이라 과학계에서는 그 공을 인정해 공식 학술용어도 우마미Umami라고 합니다.

사실 우리가 생각하는 맛은 대부분 향입니다. 사과에는 사과 맛 성분이 있는 것이 아니고 사과 향 성분만 있고, 딸기에는 딸기 맛 성분이 있는 것이 아니고, 딸기 향 성분만 있습니다. 과일의 맛 성분은 단맛과 신맛 2가지가 거의 전부이고 나머지는 향인데, 굉장히 적은 양의 향기 물질에 의한 것입니다. 음식을 먹을 때 입 뒤로 코와 연결된 작은 통로를 통해 냄새 물질이 휘발해 느껴지는 향이 수만 가지 맛의 실체입니다. 그래서 비염으로 염증이 생기면 다양한 맛은 사라집니다. 코를 막고 먹으면 맛은 희미해지고 불완전해집니다. 음식을 먹을 때 혀와 코로 올라가는 공기를 차단해도 맛은 사라집니다.

작은 통로로 휘발되는 100만 분의 1 이하의 냄새 물질이 음식 맛을 좌우하고 식품의 운명을 바꿉니다. 음식의 수만 가지 다양한 풍미는 아주 사소한 양의 향에 의한 것입니다. 어떤 꽃도 그 꽃향기를 좌우하는 향기 성분은 0.01퍼센트 이하입니다. 꽃에서 향기 성분을 추출하면 0.1퍼센트 정도는 나오지만 실제 향에 기여하는 성분은 이 중에서도 일부입니다. 이렇게 적은 양으로 어떻게 그토록 강렬한 색과 향을 낼까 의심스럽다면 페로몬을 떠올리면 됩니다. 양이 적은 것이지 분자의 숫자가 적은 것은 아닙니다. 향료 0.0001그램은 30경 개가 넘는 냄새 분자로 이루어졌습니다. 향료 한 방울도 분자 개수로 치면 엄청나게 많은 숫자입니다.

바나나 맛 우유에 바나나가 없다고?

식품 성분의 98퍼센트는 물과 탄수화물, 단백질, 지방이고 이들은 무미, 무취, 무색입니다. 우리가 사과를 먹으면 사과의 모든 성분이 어우러져서 사과 맛을 낸다고 생각하지만 사실은 전혀 아닙니다. 식재료는 식품 이전에는 생명이었고, 생명의 구성 물질은 대부분 탄수화물, 단백질, 지방 같은 고분자폴리머 물질이고, 고분자 물질은 무조건 무미, 무취, 무색입니다. 따라서 식품의 수만 가지 맛과 향, 색은 대부분 2퍼센트 이하를 차지하는 아주 적은 양, 작은 크기의 분자에 의한 것입니다.

결국 우리는 식품의 본질인 98퍼센트는 느끼지 못하고, 고작 2퍼센트만을 맛과 향, 그리고 색으로 느끼면서 감탄하고 실망하는 것입니다. 세상의 모든 맛은 단지 다섯 가지 맛Taste에 0.1퍼센트도 안 되는 향의 차이일 뿐인데 여기에 모든 식품의 운명이 달렸습니다. 이런 사실만 알아도 바나나 우유에 바나나가 들어가지 않은 것에 애석해 할 필요가 하나도 없고, 맛과 향에 대한 집착도 가벼워집니다. 맛은 음식의 실체가 아니고 음식의 사소한 표정에 불과합니다.

맛을
좌우하는 것은
무엇일까

스시의 매력은 맛일까 향일까

많은 사람이 생선초밥을 좋아하고 예찬합니다. 그런데 스시의 구성은 참 단순합니다. 밥, 생선, 와사비와 간장 정도가 전부입니다. 재료의 준비는 까다롭고 복잡해도 만들고 먹는 것은 순식간입니다. 아마 그보다 빨리 나오는 음식도 드물 것입니다.

초밥을 집어서 입에 넣으면 순식간에 여운을 남기고 목구멍 너머로 아스라이 사라집니다. 가히 미니멀리즘의 정수이죠. 그 단순한 한 입 먹거리가 주는 즐거움은 절대 단순하지 않습니다. 그래서 미식가들의 예찬이 끊이지 않습니다. 스시의 매력은 과연 맛일까요 향일까요? 향 자체는 정말 미약하고 단순한데 어떻게 그렇게 화려한 감동을 줄 수 있을까요?

세상에 향이 없다면 우리가 느끼는 맛은 고작 5종일 것입니다. 5종을 섞으면 여러 맛이 나겠지만 제 아무리 다양한 변형을 한다고 해도 수십 종을 넘기기 어렵습니다. 그래서 맛을 연구하는 과학자들은 맛에서 미각이 10~20퍼센트, 후각_향이 80~90퍼센트의 역할을 한다고 말합니다. 이 말은 사실일까요? 사실이 아닙니다. 일반인은 미각과 후각을 구분하지 못해 후각의 역할을 착각하지만, 과학자는 후각의 종류에 현혹되어 미각의 의미를 과소평가하는 것입니다.

세상에 설탕, 탄수화물, 소금, 고기 중독 같은 맛의 중독은 있어도 향 중독은 없습니다. 판다는 원래 초식과 육식을 같이 했지만 약 400만 년 전 감칠맛 수용체의 유전자가 고장 나 고기 맛을 모르게 되었고, 지금까지 대나무 잎을 먹고 삽니다. 반대로 호랑이 같은 고양잇과 동물은 단맛 수용체의 유전자가 고장 나 고기만 먹고 삽니다. 맛이 운명을 결정한 것이죠.

인간은 단맛과 감칠맛 수용체가 모두 온전한 잡식성입니다. 새로운 맛에 호기심이 굉장해서 풀뿌리에서 벌레, 상어지느러미까지 먹어댑니다. 아찔한 절벽에 매달린 야생염소는 소금에 목숨을 거는 것이고, 하루에 자기 체중의 절반만큼의 단물을 먹는 벌새는 설탕에 중독된 것입니다. 이처럼 맛 중독은 흔해도 향 중독은 없으니 우리는 맛의 의미를 정말 모르고 사는 것입니다.

1장. '맛'을 발견하다

쓴맛에
유독 예민한
이유

오이를 싫어하는 것은 향 때문일까

나는 오이를 참 좋아했습니다. 어렸을 때 시골에서 오이는 농가의 아주 매력적인 수입원이자 아삭거리는 식감과 특유의 향이 돋보이는 식재료였습니다. 최근에야 오이를 싫어하는 사람이 있다는 것을 알고는 쉽게 믿어지지 않았습니다.

구글에서 오이 혐오CUCUMBER HATE를 검색하면 단순히 일부 사람의 기호도 문제가 아니라는 것을 알 수 있습니다. 내가 좋아하는 오이 향을 풋내라며 싫어하는 사람도 있겠지만 단순히 그 냄새로는 설명되지 않습니다. 그 이유를 설명하는 가장 유력한 이론은 쓴맛 수용체 민감도의 차이입니다.

미국 유타대학교의 유전 과학 센터에서는 'TAS2R38' 유전자를 예로 들어 입맛을 결정하는 데 특정 유전자가 영향을 미칠 수 있다고 말합니다. 인간의 7번 염색체에 존재하는 이 'TAS2R38'의 차이에 따라 쓴맛에 민감한 PAV 타입과 둔감한 AVI 타입으로 나뉩니다. PAV 타입의 사람은 AVI 타입에 비해 쓴맛을 100~1,000배 정도 더 민감하게 느끼는데요. 오이 혐오자들은 이 PAV 타입일 가능성이 높다고 합니다.

이런 쓴맛의 민감도를 조사할 때 흔히 PTC라는 물질을 사용하는데 쓴맛을 강하게 느끼면 오이 혐오자가 될 가능성이 크다고 합니다. PTC는 오이는 물론, 참외나 수박, 멜론에도 비슷하게 함유되어 있습니다. 'TAS2R38' 유전자가 강하게 발달된 사람의 경우 이들 음식에서 참을 수 없는 쓴맛을 느끼는 경우가 많다고 합니다.

이 유전자는 술알코올의 쓴맛을 강하게 느끼는 이들에게도 적용되어 'TAS2R38' 유전자가 활성화된 사람은 술을 쓰게 느끼는 강도가 가장 높았습니다. 아이들이 김치와 된장 같은 발효제품을 대부분 싫어하는 것은 이런 쓴맛 때문인 경우가 많습니다.

미각과 후각은 신생아가 가장 예민합니다. 신생아 시기에는 입안 전체에 맛봉오리가 돋아 있고, 입천장, 목구멍, 혀의 옆면에도 미각 수용체가 있습니다. 덕분에 아기들은 밍밍한 분유의 맛을 몇 배로 맛있게 느낍니다. 남아도는 맛봉오리는 10세 무렵이 되면 사라지기 시작합니다. 그리고 사람마다 미각의 민감도가 다릅니다. 혀의 미뢰로 맛을 감지히는데 1제곱센티미터당 미뢰의 수가 100개 정도면 둔감자입니다. 보통 사람은 200개, 민감자는 400개 정도입니다. 민감한 사람은 맛을 정확히 느끼는 것이 아니고 쓴맛에 유독 예민합니다. 25퍼센트 정도의 사람은 어른이 되어서 평범한 음식에서도 쉽게 쓴맛을 느낍니다.

맛에 민감한 시기인 어린이, 그중에서도 미뢰 수가 많은 경우 엄청나게 쓴맛을 느끼겠지요. 야채는 자신을 보호하는 수단으로 독쓴맛 성분을 만듭니다. 발효식품은 단백질이 분해되어 아미노산이나 펩타이드가 되는데 아미노산의 2/3는 쓴맛이 납니다. 더구나 이들 아미노산이 몇 개 결합한 것은 쓴맛이 더욱 강해집니다. 물론 이들 중에는 글루탐산과 아스파트산 같은 감칠맛 성분이 많지만 그건 쓴 술도 맛있다고 먹는 어른들에게나 통하는 이야기입니다. 맛에 민감하면 쓴맛만 강하게 느껴져 도저히 좋아할 수 없습니다. 그래서 아이 대부분이 발효식품을 싫어하고 우동 국물과 같은 감칠맛을 좋아하는 것입니다. 아이들은 커가면서 미각이 둔감해지고, 쓴맛에 점차 익숙해집니다.

맛과 향, 무엇이 더 중요할까

본래 쓴맛은 동물에게 독인지 아닌지를 판단하는 지표였습니다. 동물은 본능적으로 '쓴맛=독'으로 보고 쓴맛이 나면 먹지 않습니다. 아이들의 미각에도 이런 독을 피하려는 본능이 있습니다. 그런데 어른이 되면 점점 쓴맛에 둔해져 잘 느끼지 못합니다. 그래서 나이가 들면 커피도 잘 마시고 술도 좋아할 수 있게 됩니다. 최근 유전자 연구에 의하면 다른 영장류에 비해 인간의 쓴맛을 느끼는 유전자는 많이 퇴화했다고 합니다. 뇌의 발달에 따라 미각으로 독을 판단할 필요성이 줄고 있는 것입니다.

인간의 경우에도 맛이 향보다 중요합니다. 다이어트를 하면 먹는 즐거움을 누리지 못하는 것이 참 괴롭습니다. 맛의 즐거움의 80~90퍼센트가 향에서 오는 것이라면 칼로리가 있는 맛을 포기하고 향만 사용해도 우리는 상당한 맛의 즐거움을 누려야 합니다. 그런데 우리는 향미수flavored water처럼 향만 사용한 제품에 만족한 경우는 없었습니다. 칼로리를 빼서 성공한 제품은 세상에 없는 것입니다. 제로 칼로리 제품은 항상 화려하게 등장해 소리도 없이 조용히 사라집니다.

결국 우리가 그 역할에 비해 가장 무시하는 것이 소금, 설탕 같은 가장 단순하면서 위대한 맛 성분입니다. 인간의 욕심은 끝이 없습니다. 달거나 짠 음식을 바라면서도 단순한 설탕물이나 소금 맛만 나는 음식은 거들떠보지 않습니다. 대신 맛과 향, 그리고 식감이 절묘하게 조화된 음식을 좋아힙니다. 향은 맛 성분의 바탕 위에서 빛나는 것이지 향 자체로는 금방 싫증 나고 의미 없습니다. 그래서 지금부터 단맛설탕과 짠맛소금에 대해 좀 더 상세하게 이야기하겠습니다.

2장

단맛
이야기

설탕
이야기

설탕, 천덕꾸러기가 되다

평범한 설탕조차 비범한 음식이다. 설탕은 순수한
감각, 결정화된 쾌락이다. 사람들은 모두 설탕의 단
맛에 대한 선호를 공유하는데, 모유에서 처음 그
맛을 경험한다. 그리고 그것은 모든 생명체에 연료
가 되는 에너지의 맛이기도 하다.

이러한 깊은 호소력 덕분에 설탕과 설탕이 풍부한
음식은 모든 음식들 가운데 가장 인기 있고 가장
널리 소비되는 음식이 되었다.

주방에서 설탕은 다용도 재료다. 단맛은 기본적인
맛 가운데 하나이기 때문에 요리사들은 풍미를 완

성하고 맛의 균형을 잡기 위해 갖가지 음식에 설탕을 첨가한다. 당은 단백질 응고를 차단하는 유용한 역할을 수행하며, 빵과 과자류의 글루텐 그물조직과 커스터드와 크림의 알부민 그물조직을 부드럽게 만든다. 당 분자들이 분리될 만큼 충분한 열을 가하면 매력적인 색상으로 변하면서 더 복합적인 풍미를 낸다. 그저 단맛만 나는 게 아니라 신맛, 쓴맛, 충만하고 짙은 향이 더해진다.

게다가 당은 조각을 할 수 있는 재료다. 약간의 수분과 높은 열을 가하면, 크림 같거나 쫄깃쫄깃하거나 쉽게 부서지거나 바위처럼 단단한 온갖 질감을 연출할 수 있다.

_해롤드 맥기, 《음식과 요리》 중

요즘 설탕에 대한 관심이 뜨겁습니다. 건강에 나쁘다는 이유로 말입니다. 식품의약품안전처는 제1차 당류 저감화 계획을 발표하면서 하루 섭취량이 50그램 이내가 되도록 관리하겠다고 합니다. 설탕 사용량을 줄인 조리법을 개발하고 대체 감미료도 만든다는 것입니다.

우리나라는 조선시대 중국에서 처음 설탕을 수입했습니다. 개항 전까지는 약재로 취급했고, 왕실에서는 자양강장제로 썼습니다. 1900년대 조선의 개화론자들은 서구인처럼 설탕을 많이 먹어야 문명화된다고 주장했고, 갓난아기에게 주는 모유나 우유에 백설탕을 첨가할 것을 권할 정도였습니다. 그렇게 귀한 대접을 받던 설탕이 지금은 식약처가 소비를 줄이자는 운동을 할 정도로 천덕꾸러기 신세가 되었습니다. 우리는 언제부터 설탕을 먹기 시작했고, 지금은 왜 설탕이 문제이며, 과연 식약처 방식의 접근은 효과가 있을까요? 지금까지 역사로 봐서는 별로 성공적이지 않을 것 같은데 말입니다. 왜 그런지를 이야기를 하기 전에 먼저 설탕의 역사부터 알아보려 합니다.

엄마 젖 이후 단것의 시작은 과일이나 꿀

인류가 모유에 이어 단맛을 경험한 것은 아마 과일을 통해서였을 것입니다. 대추야자처럼 더운 기후에서 자라는 과일의 당도는 무려 60퍼센트에 이르기도 하며, 온대 지역에서 자라는 과일도 바싹 말리면 당도가 매우 높습니다. 하지만 자연에서 가장 당도가 높은 음식은 꿀로 당도가 80퍼센트인 것도 있습니다. 고대 벽화를 참고하면 인류는 지금까지 적어도 1만 년 전부터 야생벌꿀을 채취해 온 것이 분명합니다. 또 진흙으로 만든 벌집에 대해 기술한 이집트 상형문자로 판단하건대 꿀벌을 '길들여서' 양봉업을 시작한 것은 4,000년 전 무렵으로 추정됩니다.

우리 조상들은 꿀에 매료되었음이 분명합니다. 4,000년 전 수메르 점토판에 신랑은 '꿀같이 감미롭고', 신부의 포옹은 이 '꿀보다 더 향기롭고', 신방은 '꿀이 가득하다'고 묘사되었습니다. 구약성서에서도 약속의 땅은 젖과 꿀이 흐르는 땅이라는 표현이 여러 차례 등장합니다.

꿀은 그리스와 로마의 음식과 문화에서도 여전히 중요한 재료입니다. 꿀은 벌이 식물의 달콤한 즙에서 뽑아낸 것이고, 인간도 식물에서 달콤한 즙을 채취해 설탕을 분리할 수 있게 되었습니다. 남아시아의 야자나무, 북미 숲들의 단풍나무와 자작나무, 아메리카 대륙의 용설란과 옥수숫대들이 달콤한 즙을 공급해 왔습니다. 그 가운데 사탕수수만큼 넉넉한 것은 없었습니다.

알수록 재미있는 설탕의 역사

오늘날 설탕은 평범해졌지만 12세기 유럽인은 거의 알지 못했으며, 18세기에도 사치품이었습니다. 최초의 주된 설탕 원료는 사탕수수였습니다. 사탕수수는 줄기의 세포액 속에 약 15퍼센트라는 대단히 높은 설탕 함량을 지닌 볏과 식물로 키가 6미터까지 자랍니다.

남태평양 뉴기니가 원산지인 사탕수수는 선사시대에 아시아로 이주한 사람들에 의해 아시아에 전파되었습니다. BC 500년 이전에 인도 사람들이 압착해 짜낸 사탕수수 즙을 졸여서 원당을 제조하는 방법을 개발했고, BC 350년 정도에는 설탕을 이용한 다양한 당과를 만들었으며, 그로부터 200~300년 후 인도의 의학 서적들은 사탕수수로 만든 다양한 종류의 시럽과 설탕을 구분하고 있는데 당시에 이미 결정체의 표면에 시럽을 씻어내고 만든 백설탕이 개발되었습니다. 현대병의 원흉으로 꼽히는 정제당은 2,000년 전에 개발된 가장 전통적인 식품 중 하나인 셈이죠.

6세기경 사탕수수의 설탕 제조 기술이 인더스 강 삼각주로부터 서쪽으로 이동해서 페르시아 만과 티그리스·유프라테스 강 삼각주까지 전해졌습니다. 7세기에 이슬람교를 믿는 아랍인들이 페르시아를 정복하면서 사탕수수는 아랍과 북아프리카, 시리아, 더 나아가서는 스페인과 시칠리아에까지 전파되었습니다.

아랍인들은 설탕과 아몬드를 섞어 마지판 반죽을 만들어서 참깨를 비롯한 다른 재료와 함께 졸여 쫀득쫀득한 과자를 만들었고, 장미 꽃잎과 오렌지 꽃으로 향을 낸 설탕 시럽을 이용해 당과와 설탕 공예 분야를 개척했습니다. 10세기의 기록에 따르면, 이집트의 축제에서 설탕으로 나무와 동물과 성채를 만들어 장식했다고 합니다.

서구인들이 처음 설탕을 만난 것은 십자군 원정대가 성지를 찾아 떠난 11세기입니다. 그 후 얼마 안 돼 베네치아가 아랍에서 서구로의 설탕 수출 중심지가 되었고, 처음 영국에 설탕이 대량으로 들어온 것은 1319년이었습니다. 유럽인들은 설탕을 후추나 생강 같은 이국적인 수입품들처럼 향료 겸 약재로 다뤘습니다. 사탕은 깜찍하고 맛있는 과자로서가 아니라 신체의 균형을 잡기 위해 약재상이나 약제사가 조제하는 '당제'로 시작된 것이죠.

설탕은 의약품으로서 몇 가지 역할을 수행했습니다. 첫째, 몇 가지 약재의 쓴맛을 설탕의 단맛으로 덮어 약을 쉽게 복용할 수 있게 했습니다. 둘째, 설탕의 잘 녹고 끈적끈적한 성질을 이용해 다른 약품 재료들을 결합하고 섞는 데 썼습니다. 셋째, 녹인 설탕 덩어리는 단단해서 당의정 안의 약 성분들이 서서히 배출되게 해주었습니다. 또 설탕 자체에 열과 수분의 발산을 높여 다른 음식물들의 효능을 균형 잡고 소화 과정을 강화시키는 효능이 있다고 여겼습니다.

귀한 약으로 대접 받던 시절

16세기까지만 해도 유럽인들에게 설탕은 식품이라기보다 약품에 가까웠습니다. 권력가나 재력가들은 자신의 권세와 재산을 자랑하기 위한 상징물로 설탕을 이용했습니다. 한 연구가에 따르면 설탕에는 약품, 장식품, 향료, 감미료, 보존료 등 다섯 가지 용법이 있습니다. 이 중 처음 두 가지는 설탕이 귀중품인 시대에 적합했습니다. 설탕을 만병통치약처럼 여기는 생각은 아라비아에서 십자군들이 돌아올 때 함께 들어왔는데, 대부분 사람이 만성 영양불량에 시달리고 있었던 만큼 칼로리가 높은 설탕은 어떤 경우에나 즉효가 있는 약품이었습니다.

11세기의 위대한 아라비아 의학자 이븐시나Ibn Sina는 "설탕과 자야말로 만병통치약이다"라고 단언했는데, 그가 저술한 의학서가 적어도 17세기까지 유럽 의학계에서 최고의 권위를 자랑했던 만큼 그 영향이 어떠했으리라는 것은 익히 짐작이 갑니다. 또 12세기 비잔틴 제국 황실에서 일했던 의사도 해열제로서 설탕에 절인 장미꽃잎을 처방했는데, 이는 후대에 이르기까지 서유럽 세계에서 해열제로 사용되었으며 특히 결핵의 열을 내리는 데 필수적인 약품이었습니다.

15세기에 유럽 의학의 중심지는 이탈리아였습니다. 그중 살레르노의 의과대학이 유명했는데, 이곳에서 교재로 사용된 의학서에는 "설탕은 열병, 기침, 가슴의 병, 까칠까칠한 입술, 위장병 등에 효과가 있다"라고 쓰여 있습니다. 16세기에 출간된 유럽의 한 의학서는 가슴, 폐, 목의 병을 치료하는 효능이 있으며 "분말 상태로 만들면 눈병에도 효과가 있고 기화시키면 각종 감기의 치료제가 된다. 또 노인의 강장제로도 사용된다"라고 만병통치약의 지위를 부여하고 있습니다. 설탕의 효능에 대한 이런 믿음은 후대까지 계속 이어졌습니다.

즉, 16세기 이후의 유럽에서 설탕은 의약품으로서 꼭 필요한 물품이었습니다. 이렇게 설탕이 약품으로 중요하게 여겨진 데에는 12세기의 대大신학자 토마스 아퀴나스Thomas Aquinas도 큰 몫을 했습니다. 한때 크리스트교에서 정한 단식 기간에 설탕을 먹는 것은 율법 위반인가 아닌가라는 논쟁이 벌어졌는데, 이에 대해 그는 설탕은 식품이 아니라 소화촉진 등을 위한 약품이므로 이것을 먹는다고 단식을 어겼다고 볼 수 없다는 결론을 내렸습니다. 이 결론은 그 후 설탕이 대량으로 공급되어 명백한 식품으로 자리 잡는 과정에서 큰 역할을 합니다.

의학자들은 아라비아에서 건너온 의학 이론을 내세워 설탕의 효능을 설명했지만, 일반 사람들은 굳이 그런 이론적 근거를 들지 않더라도 그처럼 희고, 달콤하며, 값비싼 설탕의 효능을 믿었습니다. 설탕이 희고 달다는 이유로 천대하는 요즘 같은 시대에는 정말 이해하기 힘든 일이죠.

16세기 이후 수많은 새로운 식품이 유럽으로 흘러들어 가 세계상품이 되었습니다. 선두주자인 설탕 외에 차, 커피, 초콜릿, 감자, 옥수수, 향신료, 담배 등이 그것입니다. 그 밖에 면직물이며 견직물, 염료인 인디고나 코치닐 등 다양한 물품이 수입되어 유럽인, 특히 영국인의 생활을 근본적으로 변화시켰습니다.

인류 역사상 새로운 식품들이 처음 들어왔을 때는 약으로 여겨지는 경우가 많았습니다. 설탕이 들어온 지 한참 뒤 지나치게 먹으면 질병의 원인이 된다는 주장이 제기되었습니다. 하지만 사람들은 항상 영양 부족에 시달리고 있었으므로 식품으로서 설탕의 가치와 효능을 의심하지 않았습니다. 그렇게 대중 사이로 설탕은 급속히 보급되었습니다.

늘어나는 소비, 발전하는 기술

15세기에 들어 유럽의 부유층들은 음식의 풍미를 보완하고 맛 자체로서의 즐거움을 주는 설탕의 가치를 이해하기 시작했습니다. 당과는 단순한 기술 이상의 것이 되었으며, 점점 더 정교해지고 눈을 즐겁게 하려는 의도 역시 두드러졌습니다.

설탕을 녹여 섬세한 실을 잣거나 잡아당겨 비단처럼 곱고 부드러운 광택을 냈습니다. 당과 제조자들은 설탕 시럽의 여러 가지 상태와 특정 요리에의 적절성을 판별하는 수많은 방법을 개발했습니다. 17세기가 되자 궁정의 당과 제조자들은 설탕으로 식탁 전체를 꾸미고 대형 장식물들을 만들었습니다. 단단한 설탕 사탕이 흔해지고, 요리사들은 각종 당과의 종류에 따라 시럽 농도를 구분하는 시스템을 개발했습니다.

18세기에 접어들면서 설탕은 더 쉽게 구할 수 있게 되었으며 사탕과 과자만을 다룬 요리 책들이 등장했습니다. 영국은 특히 설탕을 많이 이용했는데, 노동자 계급의 에너지원이었던 차와 잼에 다량으로 소비되었습니다. 1인당 설탕 소비량이 1700년의 한 해 2킬로그램에서 1780년에는 5킬로그램으로 껑충 뛰어올랐습니다. 이와 대조적으로 프랑스인은 주로 잼과 디저트에 한정해 설탕을 사용했습니다.

19세기에 사탕무를 이용한 설탕 생산의 증가와 요리 기술가열, 조작, 모양 내기의 발전은 설탕의 활용을 더욱 늘렸습니다. 오늘날 우리에게 친숙한 사탕과 초콜릿이 발명된 것도, 결정화 과정을 제어하는 방법이 확립된 것도 이미 19세기에 이루어진 것입니다. '태피', '토피', '퍼지', '퐁당' 등 형태와 기술이 세분화된 것이 이미 1850년 무렵이었고, 오늘날의 사탕도 대부분 봉봉, 태피, 퐁당 등을 변형한 것입니다.

귀족 권위의 상징이 되다

지금은 상상하기 어려운 일이지만, '식품'이 되기 전 설탕의 중요한 용법 두 가지는 '약품' 아니면 '과시'의 소재였습니다. 순백색 설탕은 그 빛깔만으로도 충분히 신비스러운 존재였지만, 무엇보다 달콤하고 또 터무니없이 비쌌기에 이를 대량 사용해 장식품을 만드는 것은 대부호거나 당대의 권력자일 수밖에 없었습니다. 따라서 중세 이래 유럽의 국왕이나 귀족들이 앞다투어 설탕으로 파티용 장식을 만들게 한 것은 지극히 당연한 일이었습니다. 가히 뛰어난 예술작품 수준이었죠. 이들 장식은 대체로 코스의 마지막에 등장했습니다. 요리사들은 설탕으로 한껏 솜씨를 부려 성, 탑, 말, 곰, 기사 등을 만들었고 여기에 메시지를 담았습니다. 단순한 장식을 벗어나 하나의 스토리를 보여주는 대작마저 등장했습니다.

근대 서양요리를 완성시킨 에스코피가 비교적 맛에 충실하다면 그 이전에 요리사의 왕으로 꼽히기도 하는 앙토넹 카렘은 특히 건축 장식으로 유명합니다. 그는 요리사이면서 고전 건축 분야에도 관심이 많아 평소 건축과 요리가 매우 비슷한 예술이라고 주장했습니다. 그리고 여러 유명 궁전이나 별장, 그리스 신전 등 다양한 건축물과 범선 등을 설탕으로 만들어 사람들의 눈을 즐겁게 했고, 파티를 연 귀족의 권위를 높였습니다. 설탕은 매우 비싼 재료였기에 마지막에는 파티에 모인 사람들이 이 장식을 부숴 남김없이 나눠 먹었다고 합니다.

설탕, 홍차와 만나다

설탕이 일반사람들에게도 보급되기 시작한 것은 17세기 이후 인데 이것은 차와 커피의 보급과 깊은 관련이 있습니다. 대부분 사람이 홍차 하면 영국을 떠올리지만 영국은 물론 유럽 어디서 도 차나무 재배는 불가능합니다.

차는 본래 중국에서 유래된 것으로, 오랜 세월 동안 유럽인들 은 그 정체조차 모르고 신비해 하던 식물이었습니다. 그러다 영 국은 18세기 말부터 영국 동인도회사 등을 통해 차를 대량으로 수입해 소비했고, 영국인들의 생활양식에 적합한 차 도구들도 잇따라 등장해 홍차의 소비를 도왔습니다. 하지만 설탕보다 중 요한 위치를 차지한 것은 아닙니다. 설탕과 홍차가 서로서로 소 비의 확대를 도운 것이죠.

유럽인 가운데 처음 차를 마시기 시작한 것은 일본이나 중국 으로 진출했던 포르투갈인들 이었습니다. 중국에 다녀온 선교사 들이 동방에 관한 정보와 함께 차의 존재를 유럽에 알렸고, 왕실 등 상류계급에서 유행하기 시작했습니다. 홍차와 녹차는 모두 같은 식물의 잎이지만 잎 속의 효소가 시간을 두고 산화작용을 일으켜 검어지면 홍차가 되고, 수확 후 바로 쪄서 효소를 불활성화시키면 찻잎이 오래 두어도 선명한 녹색을 띠는 녹차가 됩니다.

어쨌든 차도 설탕과 마찬가지로 17세기 초반부터 약국에서 팔렸으며 감기나 건망증, 괴혈병, 두통, 담석 등 여러 질병에 대한 특효약으로 알려졌습니다. 가격도 매우 비싸 100그램을 사는 데도 직공의 수십 일치 일당에 해당하는 큰돈이 필요했습니다. 그래도 17세기 후반부터 런던을 비롯한 영국의 각 도시에서 커피하우스가 등장해 인기 있는 사교의 장이 되었고, 바로 이곳을 통해 홍차는 영국 전역으로 보급되어 나갔습니다.

이때는 일반사람들이 마시기에는 너무 비싸 귀족, 상류층, 신사들의 전유물이었고, 홍차가 일반사람들을 위한 음료가 되기까지는 150년이라는 세월이 더 지나야 했습니다. 그런데 홍차에 설탕을 넣기 시작한 것은 이 무렵 커피하우스에서 출발했다고 합니다.

영국이 홍차에 설탕을 넣은 이유

영국인들은 왜 홍차에 설탕을 넣기 시작했을까요? 차의 종주국인 중국에서는 설탕을 넣지 않고, 초콜릿의 종주국인 마야도 설탕을 넣지 않고 그냥 먹었는데, 이를 도입한 유럽은 홍차와 초콜릿에 설탕을 넣기 시작합니다. 이것은 단순히 우연일까요 아니면 일반적 패턴일까요? 사실 낯선 음식 문화가 들어올 때 그대로 받아들이는 경우는 별로 없고 자기 식으로 변형하는 경우가 많습니다. 이때 가장 일반적인 형태가 달게 하거나 자신이 즐기는 향신료를 첨가하는 일종의 퓨전식입니다.

단맛은 엄마 배 속의 태아 시절부터 좋아하던 맛입니다. 낯선 음식도 단맛의 친근함이 더해지면 좀 더 편안해집니다. 맛이 아주 복잡해 보이지만 주식요리은 소금짠맛, MSG감칠맛가 핵심이고, 간식은 설탕단맛이 핵심입니다. 이들이 적절한 비율로 있으면 새로운 것에 대한 의심은 이내 즐거움으로 바뀝니다.

우리나라에 처음 커피가 들어올 때는 달달한 설탕과 부드럽고 고소한 크림을 추가한 커피가 인기였죠. 지금은 너무나 친숙하기 때문에 아무것도 넣지 않은 아메리카노도 충분히 인기이고요. 요리에서도 낯선 외국음식은 우리 식으로 약간 변형했다가 익숙해진 뒤 정통의 맛을 찾는 것이 자연스러운 수순입니다.

그런데 홍차에 설탕을 넣는 것이 폭발적으로 인기인 것은 단순히 친숙해지기 위한 수단을 훨씬 뛰어넘는 이유가 있었던 것 같습니다. 17세기 초 설탕과 차는 약국에서 취급될 만큼 귀중한 '약품'이었습니다. 따라서 병에 걸리지 않았음에도 그것들을 먹을 수 있는 사람은 신사나 귀족, 그리고 자신의 부를 과시하고 싶은 무역상인들 뿐이었습니다.

특히 당시 영국에서는 엄청난 재산을 모은 상인계급이 대거 등장했습니다. 이들은 자신의 재력을 뽐내기 위해 아낌없이 사치를 부렸고, 귀족 또한 상인계급에게 자존심을 상하지 않도록 사치스러운 모습을 연출해 체면을 유지하려 했습니다. 이때 외국에서 들어온 진귀한 상품들은 모두 고가였으므로 자신의 신분이나 능력을 나타내는 데 더없이 좋은 수단이었죠. 차와 설탕, 그리고 향신료를 아낌없이 쓰는 것은 자신의 능력을 과시할 수 있는 가장 좋은 방법 중 하나였고요.

17세기 영국 요리에서는 온갖 향료를 아낌없이 뿌렸는데 그때의 레시피를 지금 재현하면 향신료의 맛이 너무 강해서 선뜻 손이 가기 힘들다고 합니다. 결국 단순히 맛이 아니라 동일한 무게의 은과 비슷할 정도로 값비싼 향신료를 아낌없이 사용해 자신이 능력자임을 보여주는 것이 핵심이었던 것입니다. 당시 홍차에 설탕을 넣어 마시는 행위는 고급술에 금가루를 풀어 마시는 사람들의 그것과 비슷한 심리였습니다. 단순히 미각의 문제가 아닌 것이죠.

달콤함 속에 숨겨진 잔혹한 노예제도

설탕의 생산과 소비는 급격히 늘어 19세기에는 심지어 교도소 수인들에게도 홍차가 배급될 정도였습니다. 그런데 여기에는 인간의 매우 잔인한 욕망의 역사가 있습니다. 바로 아프리카에서 대량으로 공급된 흑인노예로 만들어진 중남미 설탕 플랜테이션 산업이죠. 생산자아프리카 노예와 설탕공장남미 그리고 소비자유럽의 결합, 즉 설탕의 대량 소비에는 이 3개 대륙의 연결이 결정적 계기였습니다. 아프리카 흑인은 중남미의 기후에 견디는 힘이 있었습니다. 흑인이 투입되자 설탕의 생산량이 본격적으로 늘기 시작했습니다.

16세기에서 19세기에 걸쳐 유럽인들이 대서양을 거쳐 카리브해와 브라질, 미국 등으로 끌고 간 아프리카인 흑인 노예는 1,000만 명이 넘을 것으로 추정합니다. 설탕 산업은 노예제도의 엄청난 확대를 이끈 가장 큰 원인 중 하나였고, 남미의 식민지들과 면화 플랜테이션에서 노예제를 도입하도록 하는 데 큰 몫을 합니다. 설탕·노예·럼주·대량 생산된 상품들의 무역은 당시까지 작은 도시였던 영국의 브리스톨과 리버풀·뉴포트·로드아일랜드를 거대한 항구로 변모시켰습니다. 또한 사탕수수 농장 소유주들이 축적한 거대한 부는 산업혁명의 초기 돈줄 노릇을 톡톡히 했습니다.

1604년까지만 해도 설탕 수입량이 보잘것없는 수준이었으나 1660년대가 되자 영국 전체 수입 물량의 10퍼센트를 차지했고, 1700년경에는 그 양이 다시 2배로 증가했으며, 1770년경에는 다시 4배로 늘어났습니다. 그리하여 18세기 무렵 영국인은 프랑스인보다 10배 가까이 설탕을 소비하는 국민이 되었습니다. 영국에서는 설탕과 마찬가지로 차 수입도 급격히 증가했습니다. 1700년 금액 기준으로 기껏해야 연간 8,000파운드였던 차 수입이 70년 후에는 100배로 늘어났던 것입니다.

홍차에 우유와 설탕을 넣은 밀크티는 서민의 생존에 절대적 역할을 했습니다. 영국 하층계급에게 설탕은 없어서는 안 될 여러모로 매력적인 식품이었죠. 무엇보다 설탕을 넣은 차와 과일 잼은 상대적으로 비싼 맥주와 버터를 대체할 수 있어 경제적이었습니다.

빵을 먹을 때 뜨거운 차에 적시거나 달콤한 잼을 바르는 것은 맛있게 먹을 수 있는 가장 효과적인 방법이었습니다. 이 시절 빵과 설탕을 탄 차는 부자들의 식탁에서는 부수적인 것이었지만, 가난한 자들에게는 먹을 것의 거의 전부였습니다. 설탕이 살아가는 힘과 위안을 주는 최고의 건강식품이었던 것입니다.

소비가 폭발적으로 늘어난 것에 비해 그때는 별 문제가 없었습니다. 비만과 그로 인한 건강이 문제가 된 것은 그로부터 100

년 뒤이고, 우리에게는 150년 뒤에 일어난 일입니다. 모든 음식물의 섭취가 늘어나 영양 과잉이 일어나면서 생긴 현상이지요.

설탕의
역할

밥보다 설탕을 더 많이 먹는다고?

내가 어렸을 때는 설탕이 큰 선물이었고 단순히 물에 설탕을 타서 마시는 것도 나름 호사였습니다. 하지만 지금은 대부분 설탕물을 좋아하지 않고, 심지어 단맛이 난다고 하면 싫어하는 사람도 있습니다. 그동안 설탕이 건강에 나쁘다고 세뇌당한 것에 비하면 설탕을 싫어하는 사람이 오히려 적다고 해야겠지요. 식품회사들은 그동안 설탕을 줄이거나 없앤 수많은 제품을 개발했습니다. 단지 아무도 기억하지 못할 뿐이죠. 코카콜라에서 다이어트 코크 판매를 시작한 것이 1982년, 벌써 34년 전입니다.

설탕에 대한 부정적인 이야기가 많아서인지 가정용 설탕의 판매량은 계속 줄어서 매년 1인당 설탕 구입량은 2킬로그램에

못 미치는 수준입니다. 4인 가족이라면 8킬로그램, 아마 대부분 사람이 충분히 수긍할 양일 것입니다. 그런데 우리나라 1인당 소비량은 2005년 26킬로그램, 4인 가족이라면 100킬로그램이 넘습니다. 20킬로그램짜리 쌀이면 몰라도 설탕은 매해 2킬로그램 이상 구입한 적이 없는 것 같은데, 도대체 우리는 언제 그렇게 많은 설탕을 먹은 것일까요?

답은 간접소비입니다. 가공식품과 외식을 통해 나도 모르게 섭취하는 설탕의 양이 내가 알고 먹는 양보다 훨씬 많은 셈입니다. 달면 싫다고 하면서 실제 사 먹는 것은 온통 달달한 음식인 것입니다. 하지만 이 정도의 양도 세계 평균 수준이고 경제력에 비하면 오히려 적게 먹는 편에 속합니다. 많이 먹는 나라는 1인당 80킬로그램, 4인 가족이라면 무려 320킬로그램을 먹습니다. 우리의 쌀 소비량이 60킬로그램인 것에 비하면 매일 챙겨 먹는 밥보다 설탕 섭취가 많은 나라도 꽤 있는 것입니다. 그렇게 많은 충고와 노력 속에서 설탕을 줄이는 것이 왜 그렇게 힘든지 진지하게 고민할 필요가 있습니다.

우리가 밥을 먹어야 하는 이유

우리가 살아가는 데 무엇이 가장 중요할까요? 비타민을 먹지 않아도 3주는 문제없이 살고, 음식이 없어도 3일은 문제없습니다. 그런데 산소가 없으면 1~2분도 견디기 힘듭니다. 이렇듯 산소가 긴박하게 필요한 것은 체내에 ATP의 비축량이 1~2분 사용량에 불과하기 때문입니다. ATP가 고갈되면 모든 생명현상이 중단됩니다. 하나의 세포가 사용하는 ATP는 초당 약 1,000만 개입니다. 정말 놀랄 만큼 많은 숫자죠.

40조 개 이상의 세포로 이루어진 우리 몸이 하루에 사용하는 ATP 숫자는 1,000만 * 86,400초 * 40조 정도로 엄청납니다. ATP 분자의 크기가 전자현미경으로도 보기 힘든 나노 크기지만 워낙 숫자가 많아 양으로 따지면 60~100킬로그램 정도입니다. 우리는 매일 자기 몸무게만큼의 ATP를 소비하면서 살아가는 것입니다. 만약 이 정도의 양을 매일 음식으로 섭취해야 한다면 정말 끔찍하겠죠.

다행히 우리 몸은 ATP↔ADP를 끊임없이 재생하면서 사용하기에 적당한 양의 음식으로도 살아갈 수 있습니다. ATP 재생에 필요한 것이 포도당과 산소입니다. 식물은 이산화탄소와 물을 이용해 포도당을 만들고 산소를 버리지만, 동물은 포도당과 산소를 이용해 ATP을 얻고 이산화탄소를 버립니다. 1개의 포도당으로 30개 이상의 ATP를 재생하기에 우리는 적게 먹고도 살아갈 수 있습니다. 산소가 부족하면 금방 헉헉거리지만, 포도당이 급히 필요하다는 것을 알기는 어렵습니다. 우리 몸에는 500그램 정도의 포도당이 글리코겐 형태로 저장되어 있어 필요하면 즉시 꺼내 쓸 수 있기 때문입니다.

포도당을 가장 왕성하게 사용하는 부위는 뇌입니다. 뇌는 우리 체중의 2퍼센트에 불과하지만 에너지의 20퍼센트를 사용합니다. 몸 전체의 근육이 사용하는 양보다 많습니다. 더구나 뇌는 에너지원으로 포도당만을 사용하는데 뇌 자체에는 포도당을 저장할 수 있는 공간이 없기 때문에 뇌 세포의 포도당 공급은 혈류에 의해 분 단위로 이루어집니다. 혈중 포도당 농도가 정상 수준의 50퍼센트 이하로 떨어지면 뇌 기능 장애가 나타나거나 심하면 혼수상태에 빠질 수도 있습니다. 그래서 뇌는 포도당을 거의 독점적으로 사용할 수 있는 시스템을 갖추고 있습니다.

혈관 내에 포도당을 세포가 사용하려면 먼저 포도당이 세포막에 있는 포도당펌프Glucose transporter를 통해 세포 안으로 들어와야 하는데, 일반 체세포는 인슐린이 있어야 작동하는 포도당펌프를 가지고 있는 반면, 뇌세포는 인슐린 없이도 무조건 작동하는 포도당펌프를 가지고 있습니다. 뇌세포는 항상 포도당을 이용할 수 있는 것이죠. 음식물의 섭취를 통해 혈관 내 포도당이 넘치게 존재할 때 뇌는 췌장에게 인슐린을 합성하도록 명령하고, 그때야 비로소 다른 체세포도 포도당펌프가 작동해 쓸 수 있습니다. 인슐린을 합성하지 못하는 것이 1형 당뇨이고, 인슐린이 합성되어도 포도당펌프의 고장으로 체세포로 포도당이 이송되지 못하는 것이 2형 당뇨입니다. 인슐린을 만들지 못하는 것은 주사를 통해 주입하는 방식으로 어느 정도 해결 가능한데, 인슐린이 있어도 포도당펌프가 작동하지 못하는 증상에는 대책이 더 어렵습니다.

포도당 부족으로 저혈당이 되면 공복감, 떨림, 오한, 식은땀 등의 증상이 나타나고, 심하면 실신이나 쇼크를 유발, 그대로 방치하면 목숨을 잃을 수도 있습니다. 휴대폰에 배터리가 떨어지면 기기는 멀쩡해도 모든 작동을 멈추는 것처럼 우리 몸에 ATP가 고갈되면 몸은 완전히 멈춥니다. 전자제품은 다시 충전하면 되지만, 우리 몸은 충전을 통해 돌이킬 수는 없다는 차이만 있을 뿐이죠. 그래서 병원에 입원하면 가장 먼저 처방하는 것이 포도당 주사입니다.

사람이 단맛을 좋아하는 이유는 우리 몸에 가장 많이 필요한 성분이기 때문입니다. 우리의 몸을 구성하는 성분은 65퍼센트 정도의 물, 1퍼센트 이하의 탄수화물, 15퍼센트 이상의 단백질, 그리고 최소 2퍼센트 이상보통 15퍼센트 이상의 지방입니다. 단백질이나 지방은 소모되는 성분이 아니고, 필요하면 재생해서 재활용되는 성분입니다. 그래서 생각보다 훨씬 적은 양이 필요합니다.

우리가 가장 많이 먹어야 하는 것은 탄수화물^{당류}입니다. ATP를 만드는 데 가장 요긴한 것이 바로 포도당, 과당, 설탕, 꿀과 같은 당류입니다. 전분과 같은 탄수화물은 포도당이 수만 개 이상 연결된 것이라 몸에 들어가면 효소에 의해 포도당으로 분해되므로 설탕을 먹으나 밥을 먹으나 별 차이가 없습니다.

우리 몸은 항상 탄수화물^{당류}을 충분히 먹도록 세팅되어 있고 탄수화물을 단맛으로 느낍니다. 혀에 단맛 수용체가 있고, 단맛을 느끼면 뇌가 쾌감을 부여하는 것은 그 때문입니다. 단맛은 우리가 살아갈 배터리를 구했다는 뜻인 셈입니다. 그래서 단맛은 나쁜 맛을 덜 느끼게 하고, 좋은 맛과 좋은 향은 더 강하게 느끼도록 해줍니다. 단맛이 사라지면 맛이 통째로 사라지는 것은 이런 이유 때문입니다. 달지 않은 과일은 아무리 향이 좋아도 맛있지 않죠.

단맛에 대한 착각과 진실

백설탕은 몸에 해로울까

그동안 백설탕, 정제염, MSG, 백미 등 정제된 하얀 음식에 대한 오해와 비난이 정말 많았습니다. 희다는 이유 하나만으로 '표백된 것' 또는 '화학적으로 합성된 것'이라는 불신을 받은 것입니다. 사실 희다는 것은 '불순물이 없이 깨끗하다'는 의미와 '미세한 입자 상태라 빛을 난반사 한다'는 특징이 있는 것뿐인데 그렇게 비난을 받은 것입니다.

그나마 최근 MSG에 대한 오해는 상당히 풀렸습니다. 화학조미료가 아닌 발효조미료이며 안전에 전혀 문제가 없다는 것이 받아들여지기 시작한 것입니다. 정제염에 대한 오해와 불신도 많이 해소되고 있습니다. 정제염은 바닷물을 이온교환수지를 통해 깨끗하게 정제한 것이라 안전하고, 천일염이 기대한 만큼 전통적이지 않고 위생 면에서 훌륭하지 않다는 것이 밝혀지면서입니다. 정제염과 MSG는 공장에서 만들어진 하얀 물질이라는 이유 하나로 그렇게 화학적이고 위험한 물질로 폄하를 받아온 것입니다.

백미와 백설탕은 천연의 산물이라 이들처럼 거칠게 비난을 받은 것은 아니지만, 최근에 비만이 이슈화되고 탄수화물이 그 주범으로 몰리면서 이에 대한 유해성 시비가 오히려 증가하는 것이 문제입니다. 불과 몇 십 년 전까지만 해도 '흰쌀밥에 소고기 미역국'은 모든 한국인의 로망일 정도로 귀한 것이었습니다. 먹거리가 풍부해지자 백미가 성인병의 주범이라는 비난을 받는 것이죠.

세상에 백설탕보다 안전하고 고마운 감미료도 없습니다. 맛 때문에 과식하고 그로 인해 비만이 문제되자 그것을 설탕의 탓인 듯 호도하는 바람에 지나치게 비난의 대상이 된 것입니다. 현대인의 건강 문제는 설탕과 같은 특정 식품의 문제가 아니라 과식으로 인한 총량의 문제라는 명백한 사실은 미국의 실패 사례가 잘 보여주고 있습니다.

당뇨는 혈관에 포도당이 제대로 세포 내로 이송되지 못하고 과잉으로 남아 있는 현상인데 마치 설탕이 일으키는 특별한 현상으로 착각하는 경우가 많습니다. 많은 사람은 설탕, 과당, 포도당, 전분이 전혀 다른 원료인양 말하지만 우리 몸에서는 거의 똑같이 사용되는 원료인 탄수화물입니다. 광합성을 통해 포도당이 만들어지면 이로부터 모든 유기물이 만들어집니다. 포도당을 길게 이으면 쌀, 보리, 밀, 옥수수, 감자, 고구마의 주성분인 전분이 되고 포도당에 효소 한 개만 작용하면 과당이 됩니다. 그리고 포도당과 과당이 한 분자씩 결합하면 설탕이 됩니다.

이것은 반대로도 똑같이 작용합니다. 어떠한 탄수화물을 먹든 포도당으로 분해되고, 설탕을 먹든 과당을 먹든 포도당 형태로 전환되어 활용됩니다. 유전적으로 아주 특이한 질병을 갖지 않은 한 내 몸에서 거의 차이 없이 작용합니다. 일반인은 그 종류에 관심을 가질 필요가 전혀 없다는 뜻입니다. 부족할 때 먹으면 약이고 넘칠 때 먹으면 비만의 원인이 된다는 것만 기억하면 됩니다.

설탕이 과잉행동장애의 원인일까

먹을 것이 부족했던 중세에 설탕을 약으로 사용한 것은 너무나 당연한 일입니다. 가장 맛이 있고 효과적인 에너지원이니 허약한 사람에게는 만능의 치료약이었을 것입니다. 지금도 병원에 가면 주사를 통해 혈관에 직접 포도당을 공급 받을 수 있습니다.

설탕이 과잉행동장애를 일으킨다는 주장만큼 황당한 것도 없습니다. 뇌에는 포도당이 가장 중요한 영양분입니다. 내장은 글루탐산과 지방도 사용하지만 뇌는 거의 전적으로 포도당에 의존합니다. 그래서 혈액 속 포도당 농도가 떨어지면 뇌 기능에 문제가 생기고 에너지가 필요할 때 뇌는 즉시 당분을 섭취하도록 지시합니다. 설탕이나 포도당 같은 당을 섭취하면 뇌에서 행복 호르몬인 세로토닌이 분비됩니다. 심리적 안정과 행복감이 증가할 뿐 과잉 흥분은 일어나지 않습니다. 스트레스로 감정이 격해질 수 있는 상황에서 설탕은 충동 감정을 누그러뜨립니다. 또한 통증을 완화하고 기억력과 인지력, 집중력 향상에 도움이 됩니다.

단것을 많이 먹으면 뚱뚱해질까

모든 탄수화물은 포도당이 결합한 것입니다. 포도당이 연결된 방식과 숫자만 조금 다른 수준입니다. 밥을 먹든, 밀가루를 먹든, 설탕을 먹든, 포도당이나 과당을 먹든 별 차이가 없습니다. 총 식사량의 문제이지 당 또는 탄수화물 종류의 문제가 아닙니다. 당뇨병은 몸 속 당분이 과도해 생기는 병이 아니라 혈액 내 당 수치를 조절하는 인슐린 시스템이 고장 나서 생기는 것입니다. 1976년부터 10년간 설탕 섭취가 인체에 미치는 영향을 분석한 결과, 설탕과 당뇨병은 무관하다는 결론이 이미 나와 있습니다. 2001년에는 미국 당뇨병학회에서 "하루 섭취 열량 10~35퍼센트까지 설탕으로 섭취해도 혈당 자체에 부정적인 영향을 주지 않는다", "설탕이 빵, 파스타, 감자 등 탄수화물 식품보다 혈당을 더 올리는 것은 아니다"라고 공식 발표했습니다.

심혈관질환 역시 마찬가지입니다. 세계보건기구WHO와 유엔 식량농업기구FAO가 1997년과 2003년 확인한 결과, 설탕이 심혈관질환 발생에 영향을 주지 않았습니다. 2013년에는 에너지 섭취의 최소 25퍼센트에 달하는 양을 녹말 대신 설탕으로 섭취하는 연구도 진행했었는데, 심혈관질환의 위험 요인으로 꼽히는 혈중지질 농도나 포도당과 인슐린 양에 대한 부작용이 전혀 발견되지 않았습니다. 건강을 위해서는 총 식사량을 조절하고, 적당히 운동하고, 생활태도를 조절하는 것이 훨씬 더 중요합니다.

탄산음료와 사과, 치아에 무엇이 더 나쁠까

흔히 단것이 치아에 나쁘다고 하는데 실제로 치아를 손상시키는 것은 당이 아니고 산입니다. 당은 단지 충치균의 영양원이 될 가능성이 있을 뿐입니다. 충치를 일으키는 가장 중요한 요소는 음식물이 치아와 들러붙어 있는 시간입니다. 영국 킹스칼리지 런던 치과 연구소가 '정기적으로 사과를 먹은 사람'과 '정기적으로 탄산음료를 먹은 사람' 등 1,000명의 남녀를 대상으로 치아 상아질 손상 정도를 측정했습니다.

그 결과 정기적으로 사과를 먹은 사람은 상아질 손상이 3.7배나 많은 것으로 드러났습니다. 연구진은 이러한 결과에 대해 "음료를 마시는 것보다 사과를 먹는 시간이 더 걸리기 때문에 사과 쪽이 치아 손상도 더 심할 수 있다"라고 분석했습니다. 또 사과 조각은 이 사이에 끼어 양치질이나 치실로 없애기 전에는 계속 손상을 일으킬 수 있습니다. 같은 원리로 설탕이나 초콜릿보다 인절미가 치아에는 더 좋지 않습니다. 치아에 오래 남아 있기 때문입니다.

과일과 우유가 원인이다

사탕수수 원당에는 비타민과 미네랄이 풍부하게 들어 있습니다. 그런데 정제하는 과정에서 영양소는 몽땅 빠지고 껍데기만 남았으며, 하얀색을 내기 위해 표백했다고 비난합니다. 백설탕은 99.98퍼센트 설탕_{수크로스}입니다. 거의 순수한 탄수화물인 것이죠. 갈색설탕은 97.02퍼센트가 설탕이고 포도당이 1.35퍼센트,

과당이 1.11퍼센트가 들어 있어 백설탕과 거의 동일합니다. 단백질, 지방이 없어서 시용성 비타민이나 비타민 C가 없으며 비타민 B군 일부만 미량 들어 있습니다. 비타민 B군은 식사를 하는 이상 몸에서 부족하지 않은 조절소입니다. 정제 과정에서 여과되는 미량의 칼슘82밀리그램, 철분0.55밀리그램이 조금 아쉽지만 단백질이 없는 상태에서 이들이 흡수가 되는지 불확실하므로 이것으로 악평만 받기에는 너무 적은 양입니다.

간혹 설탕이 비타민을 파괴한다고 주장하는데 세상에 이보다 비과학적인 것도 없습니다. 설탕이든 밥이든 빵이든 어떠한 탄수화물로부터 ATP를 얻기 위해서는 크렙스 회로를 통해 물과 이산화탄소로 분해하는 똑같은 과정을 거칩니다. 이 크렙스 회로를 작동시키는 효소 중의 일부가 비타민 B군을 조효소로 쓰면서 조금씩 소모가 일어납니다. 이것을 설탕의 부작용이라고 말하는 것은 전혀 공정하지 않습니다. 다른 영양분의 소화 과정에서도 똑같이 일어나는 것이니까요.

사실 한국인의 주된 당의 섭취 원인은 과일입니다. 한국인은 채소 소비도 세계에서 가장 많은 편이고, 과일 섭취도 높은 편입니다. 그러니 과일을 통한 당류의 섭취가 전체 당류 섭취량의 1/3이나 됩니다. 그 다음이 우유를 통한 당인데, 우유의 탄수화물 대부분은 유당이기 때문입니다.

설탕은 안전한 감미료다

설탕의 부드럽고 풍부한 맛은 감미료 중에서 최고이지만 안전성에서도 최고입니다. 꿀은 아마 인류 최초의 첨가 당이었을 것입니다. 꿀은 17퍼센트 정도의 물에 단당류 69퍼센트_{과당 38퍼센트 + 포도당 31퍼센트}와 설탕 등 이당류 8.5퍼센트입니다. 성분상 액상과당과 거의 차이가 없습니다.

꿀은 물론 안전하고 장점도 많지만 설탕보다 안전한 것은 아닙니다. 우리나라에서 야생 꿀_{석청}을 먹고 탈이 나거나 심지어 사망사고가 나는 경우도 곧잘 있습니다. 네팔 산 야생 꿀을 먹고 안면마비 등의 증상이 나타난 사고가 발생한 적이 있고, 2008년 경남 거제시에서, 2014년 영주에서 석청을 먹고 며칠 만에 사망한 사고도 있었습니다. 호주에서 23세의 건강한 여성이 로열젤리를 먹은 후 죽는 등 그동안 18건의 사건으로 3명이 사망하자 "천식이나 알레르기가 있는 사람에게는 로열젤리가 부작용이 있을 수 있으니 권하지 마시오"라고 경고하기도 했습니다.

특별한 꿀이 아닌 일반 꿀도 1세 미만의 어린 아기들에게는 금기입니다. '영아 보툴리누스증'이 생길 수 있기 때문입니다. 꿀 속 혐기성에서 자라는 맹독성 세균인 보툴리눔균 포자가 남아 있는 경우가 있어서입니다. 심한 경우 호흡곤란이 오고 치사율이 10퍼센트이며 열에 강해 끓여도 독성분이 잘 없어지지 않습니다. 미국의 경우 이런 발병 사례가 1996년까지 1,442건이 보고 되었습니다. 설탕 대신 아가베시럽을 쓰는 경우가 있는데, 이것 또한 과당이 주성분이고 안전성도 설탕에 비해 훨씬 떨어집니다. 재배와 수확 과정이 설탕보다 훨씬 취약하기 때문입니다.

가장 친환경적인 감미료

우리가 주로 먹는 것은 옥수수, 쌀, 밀입니다. 놀랍게도 모두 벼과 작물입니다. 벼와 가장 가까운 식물은 더욱 놀랍게도 대나무입니다. 설탕은 사탕수수의 산물이고 사탕수수는 옥수수, 기장과 함께 기장아과에 속하는 벼과 작물입니다. 그래서 생산성이 좋고, 옥수수, 쌀, 밀에 이어 4번째로 대량 생산됩니다.

세상 어떠한 감미료도 사탕수수의 생산성을 따라올 수 없습니다. 그래서 원당의 가격은 너무나 저렴한 것이죠. 비료나 농약을 사용하기에는 원당의 판매 가격이 너무 저렴합니다. 따라서 모든 사탕수수는 유기농일 수밖에 없고, 단지 정식으로 인증을 받았느냐 아니냐 정도의 차이입니다.

- **물대아과**(Arundinoideae) : 갈대, 물대 등

- **대나무아과**(Bambusoideae) : 대나무, 벼 등

- **조릿대풀아과**(Centothecoideae) : 조릿대풀 등

- **나도바랭이아과**(Chloridoideae) : 나도바랭이, 잔디 등

- **기장아과**(Panicoideae) : 사탕수수, 옥수수, 기장, 수수 등

- **포아풀아과**(Pooideae) : 밀, 보리, 귀리 등

이처럼 가장 맛있고, 안전하고, 친환경적인 재료임에도 설탕이 비난받는 이유는 아마 너무나 저렴한 가격으로 쉽게 많이 쓸 수 있었기 때문인 것 같습니다. 설탕이나 옥수수는 킬로그램당 400원 정도이고 과일은 4,000원 수준입니다. 과일은 수분이 90퍼센트입니다. 건더기 칼로리를 기준으로 하면 과일이 설탕이나 옥수수보다 100배 이상 비싼 셈이죠. 설탕은 인간을 위해 아낌없이 준 고마운 작물인데 인간이 과용해놓고, 그 죄를 설탕에게 물으려고 하는 것입니다.

설탕 대신 꿀을 먹으면 건강에 문제가 없을까

설탕이 나쁘다면 그냥 줄이라고 하면 좋을 텐데 꼭 대안으로 과일의 천연 당이나 과일청, 아가베 시럽, 꿀 등이 등장합니다. 하지만 그것들은 거의 차이가 없습니다. 과당은 레불로스라고도 하며, 포도당과 똑같은 화학식을 가지고 있고 단지 원자들의 배열 구조가 다릅니다. 과당은 과일과 꿀에서 흔하고 옥수수 시럽을 효소 처리해 만들기도 합니다. 과당은 일반적인 당들 가운데 단맛이 가장 강하며 물에 가장 잘 용해됩니다. 우리 인체는 포도당과 설탕에 비해 과당을 좀 더 느리게 대사하며 혈당 수치를 완만하게 끌어올립니다. 이 때문에 과당은 다른 설탕들에 비해 당뇨병 환자들에게 선호됩니다.

과당 분자는 물에 용해되었을 때 여러 가지 형태로 존재하며 그 모양에 따라 단맛 수용체와 결합력이 다릅니다. 가장 강한 단맛을 내는 모양은 육각 고리 형태이고, 차갑거나 산성일 때 이런 형태를 가집니다. 뜨거울수록 단맛이 덜한 오각 고리로 모양이 변해 60도가 되면 단맛이 차가울 때의 절반 수준으로 떨어집니다. 포도당이나 설탕은 이처럼 온도에 따라 단맛의 정도가 많이 변하지 않습니다. 그래서 과당은 찬 음료에서 유용하게 쓰입니다. 적은 양으로 풍부한 단맛을 줄 수 있으니까요.

유당은 우유에서 발견되는 당으로 포도당과 갈락토스라는 2

개의 당이 결합한 것입니다. 단맛도 약하고 물에 녹는 성질도 약해서 특별한 용도가 아니면 잘 사용하지 않습니다. 그냥 모유나 우유를 통해 있는 그대로 섭취할 뿐이죠.

설탕의 단맛에는 순수하고 단순한 단맛 이상의 느낌이 있습니다. 단맛은 다른 재료들에서 나오는 신맛과 쓴맛의 균형을 잡거나 가리는 데 도움을 줍니다. 당은 종류마다 다른 느낌의 단맛을 줍니다. 설탕은 혀에 감지되는 데 시간이 걸리며 단맛이 오래 갑니다. 이에 비해 과당의 단맛은 재빨리, 그리고 강력하게 포착되지만 또 재빨리 사라집니다.

열량이 전혀 없는 단맛이 있을까

단맛은 기본적으로 탄수화물을 구성하는 당류Saccharide를 감지하는 감각입니다. 그런데 당류가 아니지만 단맛이 나는 화합물이 생각보다 많습니다. 분자의 형태의 일부가 당류와 비슷해 단맛 수용기와 딱 맞게 결합할 수 있으면 단맛으로 느끼는 것이죠. 더구나 어떤 것은 설탕보다 훨씬 강하게 결합해 설탕의 수백 배나 되는 감미를 나타내기도 합니다.

최초의 인공감미료는 사카린Saccharin으로 1879년에 우연히 개발되었는데 감미도가 높고 칼로리는 전혀 없습니다. 1885년 이

후 상업적인 이용이 시작되어 원래 당뇨병 환자 식단에서 설탕 대용으로 사용되었지만 일반 대중에게도 인기가 많아 빠르게 사용이 확대되었습니다. 이것 말고도 1931년 스테비아, 1937년 사이클라메이트, 1965년 아스파탐, 1967년 아세설팜, 1976년 수크랄로스, 1996년 네오탐과 같은 고감미 감미제가 개발되었습니다.

스테비아는 설탕의 200배, 소마틴Thaumatin은 2,000~3,000배, 모넬린Monelin은 3,000배의 감미를 가지면서 천연입니다. 그리고 아세설팜케이는 200배, 아스파탐도 200배, 수크랄로스Sucralose는 600배의 감미면서 합성입니다. 이처럼 단맛의 물질은 종류도 많고 칼로리가 없는 것도 많은데 왜 설탕의 소비를 줄이기 힘든 것인지 그것을 이해하는 것이 핵심이지, 무작정 설탕을 나쁘다고 하는 것은 전혀 도움이 안 됩니다.

어떤 감미료가 설탕보다 300배 더 달다고 말하는 것은 감미를 느끼는 최소한의 농도가 300배 차이가 있다는 뜻이지, 설탕 9퍼센트 대신에 0.03퍼센트만 넣어도 된다는 뜻은 아닙니다. 즉, 사카린이 설탕보다 300배 더 달다는 표현은 설탕을 녹여 만든 사탕과 같은 단맛을 내기 위해 사카린이 300분의 1만 있으면 된다는 것이 아니라는 것이죠. 맹물에 사카린을 넣었을 때 처음 단맛이 느껴지는 농도이를 역치라고 합니다가 설탕의 300분의 1이라는 뜻입니다. 설탕을 입에 넣었을 때 입안을 꽉 채우는 풍부한 단맛은 사카린을 아무리 넣어도 재현되지 않습니다. 사카린이 어느 농도를 넘어서면 쓴맛이 강해져 오히려 불쾌함을 줍니다.

　설탕은 분자 구조 전체가 단맛 수용체와만 결합할 수 있는 구조라 단맛이 깨끗합니다. 하지만 결합력이 약해 쉽게 떨어져나가기 때문에 단맛의 강도는 약하죠. 양이 많아야만 단맛 수용체와 지속적인 결합을 통해 높은 감지 신호를 보냅니다. 그런데 사카린이나 아스파탐의 경우 단맛 수용체와 훨씬 강력하게 결합합니다. 훨씬 적은 양으로 설탕의 효과를 볼 수 있는 것입니다. 그런데 분자 구조에 쓴맛 수용체와 결합할 수 있는 부위가 같이 있어서 그들과 어느 정도 결합하기 때문에 뒷맛이 쓴 것이죠.

　왜 우리의 단맛 수용체는 설탕_{포도당, 과당} 같은 당류 물질과 약하게 결합하도록 진화했을까요? 이를 이해하려면 맛이 존재하는 이유를 다시 한 번 생각해야 합니다. 쓴맛이 독소에 대한 정보를 준다면 단맛은 영양분에 대한 정보를 줍니다. 독은 존재 자체를 감지하는 게 중요하지만 영양분은 양도 중요합니다. 따라서 쓴맛은 극소량이나마 지속돼야 더 이상 섭취하지 않지만 단맛은 적당한 수준에서 사라져야 계속 음식을 먹을 수 있습니다. 만일 포도 한 알을 먹고 단맛이 입안에 꽉 차 사라지지 않는다면 누가 포도 한 송이를 다 먹으려 할까요.

　고감미 감미제는 적은 양으로 강한 단맛을 주지만 각각 사용에 나름의 문제가 있습니다. 어떤 감미료는 열을 가히면 분해되기 때문에 탄산음료나 차가운 음식에만 사용할 수 있고, 어떤 감미료는 물에 잘 녹지 않거나 쓴맛이 강한 등의 문제를 가지고 있습니다. 이보다 훨씬 결정적인 문제는 우리 몸이 별로 좋아하지 않는다는 것입니다. 혀에는 감미를 주지만 위장은 속일 수 없기 때문에 시장에서 롱런하는 제품이 되기 어렵습니다.

고감미 감미제의 가장 큰 문제점

고감미 감미제는 설탕보다 비싸지만 워낙 감미도가 높아서 비용에는 문제가 없습니다. 칼로리도 없고 설탕이 나쁘다고 하니 현대와 같은 칼로리 과잉, 영양 과잉인 시대에서는 이들이 최고의 감미료여야 합니다. 하지만 정작 고감미 감미제를 사용한 제품은 성공하기 어렵습니다. 왜일까요? 우리의 몸이 생각보다 훨씬 똑똑하기 때문입니다.

인공감미료는 뇌에서 보상반응을 유발하지 못해 설탕 섭취를 줄이는 데 도움이 되지 않는다는 연구 결과가 많습니다. 미국 예일대학교 존 피어스 연구소의 이반 아라우호 박사는 칼로리가 없는 인공감미료는 칼로리가 많은 설탕에 대한 욕구를 진정시킬 수 없다고 밝혔습니다. 뇌에는 단맛과 에너지 신호를 처리하는 신경세포 집단이 따로 분리되어 있으며, 만약 단맛이 나지만 에너지가 없는 음식과 불쾌한 맛이지만 에너지가 많은 음식 중 하나를 선택할 경우 뇌는 후자를 선택한다고 합니다. 쥐들도 단맛이 나고 칼로리가 없는 것보다 맛은 쓰지만 칼로리가 많은 감미료를 선호합니다. 인간의 몸이 칼로리보다 맛을 중시할 가능성은 희박합니다. 우리 몸은 내장기관에 존재하는 감각세포를 통해 종류와 총량까지 정확히 감지해 칼로리가 높아야 즐겁도록 설계되어 있습니다.

비만은 너무나 복잡한 요인이 많고, 특정 성분으로 해결할 문제가 아닙니다. 하지만 특정 성분에 초점을 맞추어 '희생양'으로 삼으려는 방식은 여전합니다. 그러니 비만 문제 해결이 요원한 것입니다. 욕망은 풍선 누르기처럼 한쪽을 누르면 다른 쪽이 튀어나오기 마련입니다. 전체적인 환경과 음식에 대한 태도를 개선하려는 제대로 된 노력보다 개별적 성과에 연연한다면 실패하기 쉽습니다.

우리나라 식품회사도 20~30년 전부터 칼로리를 줄이는 것이 건강 지향적이고, 향후 유망한 분야라는 판단 하에 무수히 많은 다이어트 제품을 출시했습니다. 가장 흔하게 비난의 대상이 되는 햄버거와 콜라도 저칼로리 제품이 많이 개발되었죠. 기존의 햄버거 회사에서 신 메뉴로 칼로리나 소금을 낮춘 제품이 출시

되었고, 신규로 참여한 회사에서도 차별화 전략으로 몸에 좋은 햄버거를 표방하면서 제품을 출시한 적이 있습니다. 문제는 그런 제품이 시장에서 살아남지 못하고 금방 사라졌다는 것입니다. 잠시 입맛을 속이는 일은 가능해도 내장기관과 세포 하나하나에서 느끼는 감각을 속일 수는 없습니다.

식품회사가 설탕을 줄이기 힘든 이유

설탕은 단순하지 않습니다. 음식의 맛뿐 아니라 물성을 변화시킵니다. 수분을 끌어당겨 음식에 촉촉함을 유지시키고, 같은 원리로 세균의 수분을 빼앗아 식품의 보존 기간을 늘려주며, 단백질의 응고를 방해해 조직을 부드럽게 만듭니다. 커스터드, 크림, 일본식 달걀말이 등에 설탕이 들어가는 이유 중에는 부드러운 질감을 끌어올리기 위한 것도 큽니다. 설탕은 음료에 바디감을 더하고, 과일의 맛과 색을 강화시키며, 아이스크림의 어는 온도를 낮추어 부드럽게 합니다. 이런 물리적 기능을 찾아보면 끝이 없지만 무엇보다 향에 영향을 줍니다.

설탕을 높은 온도로 가열하면 '캐러멜' 반응이나 '마이야르' 반응을 통해 온갖 풍미물질을 만듭니다. 여러 가지 당들은 100도 보통 160도 이상으로 가열하면 온갖 화학반응이 일어나는데 이런 반응이 폭발적이고 놀라운 향을 만듭니다. 식품회사뿐 아니라 요리사도 무색, 무향의 그저 달기만 한 분자^{당류}로부터 수백 가지의 새로운 화합물을 생성시킵니다. 그 가운데 일부는 신맛, 혹은 쓴맛을 내거나 강한 향기 물질이고, 또 일부는 풍미는 없지만 짙은 갈색의 거대 분자를 만들기도 합니다. 이른바 캐러멜 색소가 만들어져 색깔은 짙어지고 쓴맛은 점점 강해집니다.

설탕 분자는 그 구성 성분인 포도당과 과당으로 분해되었다가 새로운 분자들로 새결합합니다. 포도당과 과당을 '환원 당'이라고 하는데, 이것은 본래 설탕인 상태보다 훨씬 반응성이 좋아집니다. 어렸을 때 뽑기를 한 번이라도 만들어 보았다면 이미 이 과정을 잘 알고 있는 것입니다. 캐러멜을 만드는 것은 설탕을 물과 섞은 다음 물이 증발해 날아가고 갈색이 될 때까지 가열하는 것입니다. 모두 증발시킬 물을 왜 굳이 첨가하는 걸까요? 물이 있기 때문에 설탕을 태우지 않고 가열할 수 있고, 가열 시간이 늘어나는 만큼 반응이 늘어나 강한 풍미가 생기기 때문입니다. 그리고 적절한 순간에 멈추는 것이 중요합니다.

캐러멜 반응이 지나치면 색깔이 너무 짙고, 쓴맛이 나고, 끈적거리거나 딱딱해집니다. 캐러멜 반응을 통해 여러 가지 향이 만들어지는데 버터와 밀크향, 과일향, 꽃향, 단내, 럼향, 로스팅향 등이 대표적입니다. 그리고 이때 만들어진 물질의 일부는 항산화 물질이어서 보관하는 동안 음식물의 맛이 변질되는 것을 방지하는 데 도움을 주기도 합니다.

캐러멜 반응은 설탕만 있을 때의 반응이고 여기에 우유나 크림 같은 단백질아미노산이 포함된 재료가 있으면 마이야르 반응이 일어나는데, 이것은 식품에서 가장 복잡한 반응으로 놀랄 만큼 다양한 물질을 만듭니다. 그리고 이런 반응은 가열하는 모든 음식에 정도의 차이만 있을 뿐 모두 일어나는 반응입니다. 그래서 식품에서 가장 중요한 반응이고요. 음식에 존재하는 설탕과 같은 당류가 단지 단맛으로 작용하지 않고, 온갖 물성과 향의 원천이 되기도 한다는 사실을 알면 왜 설탕을 줄이기가 그렇게 힘든지, 조금은 이해할 수 있을 것입니다.

3장

짠맛
이야기

소금
이야기

왜 소금을 갈망하게 되었을까

짜게 먹으면 고혈압, 심혈관계 및 신장 질환 등이 유발될 수 있다는 판단 때문에 많은 나라가 소금 섭취 억제를 위한 노력을 기울였습니다. 핀란드는 1970년대 초기부터 소금 섭취 제한 계획을 시작했고, 미국 보건복지부는 2005년 성인 기준 일일 나트륨 섭취 권고량을 2,300밀리그램염화나트륨 5.8그램 이하로 정했으며 51세 이상의 고혈압, 당뇨, 그리고 만성신부전 환자 등은 1,500밀리그램염화나트륨 3.8그램을 초과하지 말 것을 권고하고 있습니다. WHO는 2025년까지 2,000밀리그램염화나트륨 5그램 이하로 줄이는 것을 목표로 설정했습니다.

한편 이에 대한 비판론자들은 소금 섭취가 혈압에 주는 영향이 일반적으로 미미하며, 개개인의 차가 심하다는 점, 나트륨 섭취 제한과 질병 발생률 및 사망률과의 관계에 대한 연구 결과가 일관성이 없다는 점을 지적하기도 합니다. 하여간 소금은 대체로 좀 줄이면 건강에 좋을 것 같은데 우리는 그것이 왜 그토록 어려울까요?

단순히 말하면 사람은 소금물을 가두는 물주머니라고 할 수 있습니다. 동물은 그 태생이 바다라는 사실을 몸속에 간직하고 있으며, 그 증거가 바로 혈액 속의 소금이라고 말하기도 합니다. 소금은 정말 단순하죠. 나트륨 원자 하나가 염소 원자 하나와 결합한 결정체에 지나지 않고, 사람에게 필요한 양도 그다지 많지 않아서 하루에 3그램 정도면 충분합니다.

그런데 소금의 역할은 결코 단순하지 않습니다. 우리 몸에 들어가면 각기 나트륨과 염소 이온으로 나뉘어 수많은 생리 대사 작용에 관여합니다. 그것이 없으면 우리는 많은 생리 대사 작용이 일어나지 않고 심장이 뛰지 않아 살아갈 수 없습니다. 설탕도 한때 귀한 약으로 대접 받았지만 소금에 비할 바는 못 됩니다.

설탕은 그저 욕망의 문제지만 소금은 생존의 문제입니다. 설탕 대신 탄수화물을 충분히 섭취하면 되지만 소금은 방법이 없습니다. 과일, 채소, 곡식, 고기, 생선 등을 어느 정도 적당히 골고루 먹으면 칼로리, 탄수화물, 단백질, 지방, 비타민, 그리고 나

트륨을 제외한 미네랄을 필요한 만큼 섭취할 수 있는데, 나트륨
소금은 어렵습니다. 그래서 별도로 챙겨 먹는 섯입니다.

사실 소금은 수렵 위주의 원시적 생활을 하던 시대에는 중요
한 자원이 아니었습니다. 동물의 고기에는 피나 내장에 염분이
포함되어 있어 수렵채집의 육식 위주로 살던 때에는 따로 소금
을 섭취할 필요가 없었습니다. 그러다 인간이 수렵 대신 농경생
활을 하면서 별도로 소금을 섭취해야 했습니다. 식물에는 칼륨
은 풍부해도 나트륨은 크게 부족하니까요. 그래서 인간이 정착
을 시작한 농경은 바닷가 인근의 강 하구에서 시작되었습니다.
강 하류에는 비옥한 퇴적층이 쌓여 농사 짓기가 좋았고, 주변에
소금물이 포함된 지하수가 올라와 소금 구하기가 수월했기 때문
입니다.

초식동물들은 피로 염분을 보충할 수 없고 주식인 풀의 칼륨
이 염분을 더욱 먹고 싶게 만들기 때문에 소금을 보면 본능적으
로 먹으려고 합니다. 주로 초식동물은 암염 등을 통해 보충하고,
염분이 있는 돌을 깨 먹으려고 합니다. 로마시대에 죄수를 고통
스럽게 죽이기 위해 죄수에게 소금을 바르고 염소에게 핥게 만
들었다는 이야기가 있습니다. 사실 식물에는 소량의 나트륨이
있고 어떤 식물은 좀 더 많은 것도 있습니다. 아마존의 여인은
특별한 식물을 채취한 후 태워서 어렵게 소금을 구합니다. 퉁퉁

마디함초는 소금을 흡수하면서 자라기 때문에 가공해서 소금 대용으로 쓸 수 있으며, 갈아서 즙을 짜면 간장과 비슷해서 함초 간장이라고 부르며 간장 대용으로 사용하기도 합니다. 이 외에 다른 해초를 가공해 소금을 얻을 수도 있습니다. 인간도 소금을 얻기 위해 별별 짓을 다했다는 증거인 셈이죠.

도시와 문화를 탄생시키다

소금은 바닷가에서 쉽게 만들 수 있을까요? 그렇지 않습니다. 바닷물에는 염화나트륨이 약 2.5퍼센트, 그 밖의 광물이 약 1퍼센트 정도 들어 있습니다. 바닷물에서 천일염을 얻기 위해서는 먼저 염전을 꾸밀 수 있는 갯벌이 있어야 합니다. 게다가 갯벌이 넓고 적당한 조수 간만의 차가 있어야 염전을 유지하기 좋습니다. 전 세계에 그런 조건을 갖춘 갯벌은 그리 많지 않습니다. 또 물을 빨리 증발시킬 수 있을 정도로 덥고 건조해야 합니다. 우리나라는 갯벌은 좋으나 비가 많이 오는 지역이어서 천일염을 생산하기에 아주 좋은 조건을 갖춘 것은 아닙니다. 천일염의 제조법이 개발된 것은 생각보다 최근의 일이고 예전부터 지금까지 가장 흔한 소금이 암염입니다. 그래서 과거의 문화나 도시의 생성은 소금과 관련이 깊었죠.

사해는 신기하게도 강물이 들어오는 곳은 있는데 나가는 곳이 없습니다. 딥고 건조한 곳이라 1년 내내 엄청난 양의 물이 증발합니다. 사해에서 증발하는 양이 사해로 유입되는 수량보다 많기 때문에 사해 수면은 점점 낮아지고 있습니다. 일반적인 바다의 염분 농도는 3.5퍼센트인데 사해는 자그마치 25퍼센트입니다. 사람이 물에 떠서 책을 읽을 수 있는 정도죠. 생명체가 살 수 없는 죽음의 바다, 즉 사해라는 이름도 그래서 붙었습니다.

사해 근처는 소금을 구하기 쉬워서 인류 최초의 도시가 생기기에 좋은 조건이었습니다. 소금이 만들어지면 사방에서 장사꾼들이 몰려들어 부르는 게 값이었다고 합니다. 소금을 한 번 무사히 잘 운반하면 큰돈을 벌 수도 있었습니다. 소금 자체의 값도 비쌌지만 내륙과 사막 길 운반비와 통행료는 더 비싸 보통 소금값의 3~10배 정도 들었습니다. 무거운 소금을 나르는 상인들에게는 두 가지 골칫거리가 있었는데 소금을 나를 길과 도적들의 공격이었습니다. 그래서 곳곳의 영주들이 소금의 이송을 위해 길을 평평하게 닦아 마차가 잘 왕래하게 해주었고, 기사들을 배치해 안전을 책임졌다고 합니다.

물론 충분한 통행세를 내야 했습니다. 덕택에 영주와 도시들은 앉아서 많은 돈을 벌어들여 도시의 문화가 꽃피우기도 했습니다. 과거에는 소금만한 돈벌이도 별로 없었죠. 그래서 귀족들과 수도원까지 동참했고 국가가 전매제도를 하는 경우도 많았습니다. 소금을 가진 자는 돈과 권력을 손에 쥐었죠. 로마가 소금으로 일어났고, 중국 진시황의 천하통일 사업도 소금 덕에 가능했습니다. 바닷물에서 소금을 얻는 것이 최초의 제조업이었던 것입니다.

소금이 흔해진 것은 아주 최근의 일입니다. 우리나라의 경우 1907년에야 인천 주안 염전에서 최초의 천일염이 제조되었고, 소금의 자급자족이 이루어진 것은 1955년, 소금의 전매제도가 해제된 것은 1962년입니다. 그리고 1997년 7월에야 수입자유화가 되면서 다른 나라의 소금 수입도 자유로워진 것입니다.

염장 청어로 부를 쌓은 네덜란드

로마 초기에는 소금이 화폐의 역할을 했습니다. 관리나 군인에게 주는 급료를 소금으로 지불했고 이를 '살라리움'이라고 했습니다. 로마 제정시대 때부터 급료는 돈으로 바뀌었지만 명칭은 여전히 바뀌지 않았습니다. 봉급을 뜻하는 샐러리, 봉급생활자를 일컫는 샐러리맨은 바로 여기서 유래한 말입니다. 참고로 'soldier', 'salad' 등도 모두 라틴어 'sal'에 어원을 두고 있습니다. 채소를 소금에 절인다는 뜻에서 샐러드는 'salada'에서 나왔습니다. 심지어 사랑에 빠진 사람을 'salax'라 불렀죠. 채소를 소금에 절인 것처럼 사랑에 취해 흐물흐물해졌기 때문입니다.

사하라 사막을 가로지르는 대상들의 3대 교역품목은 '소금, 황금, 노예'였습니다. 실제 12세기에는 소금이 가나에서 금값으로 교환되었으며 노예 한 명이 그의 발 크기만 한 소금 판과 맞교환되기도 했습니다. 소금은 정말로 부와 밀접한 관계가 있습니다. 네덜란드는 염장 생선을 통해 막대한 부를 쌓기도 했지요.

청어는 한번 때가 몰려오면 잡아도 잡아도 끝이 없는 엄청난 포획량으로 근대 이전까지 동서양을 막론하고 바다를 끼고 있는 곳에서는 인류의 주된 식량원 중 하나였습니다. 바다의 밀이라고 할 정도였죠. 임진왜란이 일어나자 충무공 이순신은 병사들을 동원해 청어 잡이에 열중해 수천 마리의 청어를 잡아 군사와 피난민의 식량으로 썼다고 합니다.

그런데 청어는 회류로가 바뀌면 그 어획량 변화가 걷잡을 수 없이 큰 어종입니다. 세계사를 통틀어 보아도 청어 어획량은 늘 들쑥날쑥해서 청어가 잡히는 지역의 경제를 좌지우지하곤 했습니다. 대항해시대 시절 네덜란드가 대표적인 경우죠. 스칸디나비아 근처 발트 해에서 잡히던 청어가 14세기부터는 해류의 변화로 네덜란드 연안 북해로까지 밀려드는 이변이 일어났습니다. 그러자 네덜란드인들은 너도나도 청어 잡이에 나섰죠. 당시 네덜란드 총인구가 약 100만 명 정도였는데 청어 잡이에 연관된 사람이 30만 명이었다고 하니 거의 전 국민이 청어 잡이에 연관되어 살아간 것입니다.

그런데 잡은 청어들은 내장에 지방이 많아서 금방 상해 멀리 바다에 나가 조업하는 것이 별 의미가 없었습니다. 그러던 14세기 중엽 네덜란드의 한 어민인 빌렘 벤켈소어가 갓 잡은 청어의 내장을 단칼에 베어낼 수 있는 작은 칼을 개발했고, 그것이 네덜란드의 운명을 바꾸었다고 합니다. 그는 배 위에서 작은 칼로 단번에 청어의 배를 갈라 내장을 제거하고 머리를 없앤 다음, 바로 소금에 절여 통에 보관하는 염장법을 고안했습니다. 이것을 육지로 와 한 번 더 소금에 절이면 1년 넘게 맛있는 생선을 보관할 수 있었습니다.

덕분에 어부들은 한 시간에 청어 2,000마리를 손질할 수 있었고, 생선을 훨씬 신선하게 오래 보관할 수 있었습니다. 어선들은 훨씬 더 먼 바다까지 나갈 수 있었고 포획량도 엄청나게 늘었죠. 먹을 것이 부족한 중세 유럽인들에게는 오래 보관할 수 있는 소금에 절인 생선과 돼지고기가 선망의 대상이었는데 청어 잡이가 네덜란드에 큰 부를 선사한 셈입니다. 네덜란드는 지금도 1년에 한 번씩 청어축제를 벌이는데 이때 어부 빌렘 벤켈소어를 기념하는 행사도 열린다고 합니다.

3장. 짠맛 이야기

지금도 소금 섭취가 많지만 전 시대를 통틀어 15세기 스웨덴에서 소금 섭취가 가장 많았다고 합니다. 계산에 따르면 당시 1인당 소금 섭취량은 무려 100그램이었습니다. 소금에 절인 생선이 가장 중요한 식량 자원이었기 때문이었죠. 예나 지금이나 소금은 음식의 보존성을 높이는 데 가장 중요한 역할을 했습니다. 훗날 냉장고의 도입은 소금 섭취량을 낮추는 데 가장 크게 기여했고요.

간디의 비폭력 저항 '소금 행진'

영국은 염세를 폐지한 최초의 국가입니다. 수세기 동안 징수한 염세에 노동자 계급이 분노했기 때문은 아닙니다. 소금의 역할이 바뀌었다는 것을 영국 정부가 확인했기 때문에 1825년 염세를 폐기한 것이죠. 일반적으로 산업혁명은 기계혁명으로 알려졌지만 한편으로 화학혁명이기도 했습니다. 섬유산업, 염색, 비누 제조, 유리 제조, 요업, 철강, 제지업, 양조업 등이 발전하면서 소금은 이들에게 대량으로 필요했습니다. 소금이 제조 산업의 핵심 원료라는 것을 인식한 정부가 염세를 폐지한 것입니다.

영국은 본토의 염세는 폐지했지만 식민지였던 인도에서는 그대로 유지했습니다. 소금 공급 통제는 정치적·경제적 통제력이었기 때문입니다. 정부의 인허가 없는 소금 생산이나 판매는 범법행위로 규정되었습니다. 심지어 석호 주변의 자연 증발로 생산된 소금을 채취하는 것조차 불법이었습니다. 인도인의 식단은 주로 채식이고 땀으로 인한 체내 염분 손실이 많기 때문에 소금 섭취는 매우 중요했습니다. 식민통치를 받게 되면서 인도인은 거의 공짜로 채취하거나 생산할 수 있었던 소금을 돈 주고 사 먹을 수밖에 없는 처지가 되었습니다.

영국이 자국 시민에게 염세를 폐지한 지 거의 한 세기가 지난 1923년, 인도의 염세는 오히려 두 배나 올라 있었습니다. 1930년에 일어난 간디의 비폭력 저항 운동은 소금 때문에 시작되었습니다. 간디는 염세가 가난한 사람들에게 많은 부담을 준다는 것을 알고 이른바 '소금 행진'을 시작했습니다. 1930년 4월 6일, 간디는 수천 명의 지지자와 함께 3주 동안 400킬로미터를 걸어 바닷가에 도착한 후 거친 소금을 한 줌 집어 들었습니다. 머나먼 길을 걸어 바닷가에서 소금 한 줌을 줍기 위해 몸을 숙이는 간디의 소금 행진은 조국독립을 상징했습니다. 이는 수많은 인도인의 동참을 끌어내기에 충분했습니다. 소금은 이렇게 인도의 역사를 바꾸는 데도 중요한 촉매역할을 했습니다.

소금의 역할

소금을 줄이기 쉽지 않은 이유

나는 지금까지 소금나트륨 줄이기 운동은 그렇게 많이 하면서 정작 소금을 줄이는 일이 왜 그렇게 어려운지 제대로 설명하는 사람을 보지 못했습니다. 보건당국은 소금을 줄이지 못하는 것이 개인적인 무지의 산물인 것처럼 여기며 과다섭취의 문제점만을 반복해 이야기합니다.

소금은 아마 인류 최초의 식품첨가물이자 최후의 첨가물일 것입니다비록 첨가물 대신 식품원료로 등재되었지만. 소금만큼 적은 양으로 요리에 강력한 효과를 주는 것은 없습니다. 분자요리로 세계적 명성을 얻은 엘 불리El Bulli 레스토랑의 페랑 아드리아는 "소금은 요리를 변화시키는 단 하나의 물질"이라고 말한 바 있습니다. 소금은 음식에 짠맛을 주는 것이 아니라 음식의 전반적인 풍미를 높여 맛있게 해줍니다. 또한 쓴맛을 없애주고 이취는 줄이며 단맛을 강하게 하고 향을 더 풍부하게 만듭니다. 음식에서 짠맛이 나는 것은 소금을 넣어도 너무 '많이' 넣었기 때문입니다.

이처럼 소금이 요리에서 가장 강력한 맛 물질인 것은 그만큼 생존에 절실하기 때문입니다. 소금은 생명활동의 근원입니다. 우리 몸에서 나트륨이 부족하면 신경전달에 필요한 전위차가 발생하지 않아 몇 분 안에 사망합니다. 과도한 탈수 후에 급격히 물을 많이 마시면 치명적일 수 있는 이유는 체액의 나트륨 농도가 낮아져 신경전달을 하지 못하기 때문입니다.

소금은 몸의 많은 대사와 소화 등에 관여합니다. 소화기관의 내용물이 소장에서 대장으로 운반될 때 그것은 기본적으로 액체 상태로 엄청나게 많은 물이 포함되어 있습니다. 음식물에 포함되었던 물도 있지만 내 몸에서 나온 물이 더 많습니다. 췌장의 효소, 점액, 담즙산 등이 모두 수용액 상태로 몸에서 나온 것이죠. 그래서 매일 약 9리터 정도의 물이 대장으로 흘러갑니다. 이것이 그대로 배출되면 설사이고 설사가 반복되면 몸에 치명적입니다.

대장에서 물은 대부분 재흡수되어 대변을 통해 배출되는 양은 100밀리리터 정도입니다. 나트륨 같은 이온들이 내 몸에서 소화기관으로 방출되면 물도 따라서 소화기관으로 들어가고, 대장에서 회수하면 삼투압 현상에 의해 물도 회수됩니다. 막대한 에너지를 투입한 이온들의 재흡수에 의해 물도 재흡수되고 남은 것들이 농축·고체화되어 배설되는 것입니다. 그래서 대장에 흡수되지 않는 마그네슘 같은 것을 설사약으로 쓰는 것입니다. 우리 몸은 소금의 99퍼센트를 재흡수해 사용하므로 소모율이 매우 낮습니다. 따라서 섭취량보다 재흡수율의 차이가 몸에 미치는 영향이 클 수 있습니다.

몸은 소금, 특히 나트륨을 소중하게 아껴서 사용합니다. 하지만 소량씩 끊임없이 손실되기 때문에 꾸준히 섭취해야 합니다. 그래서 동물의 몸속에는 항상 소금에 대한 강력한 욕망이 숨어 있습니다. 가령, 육식동물은 초식동물을 통해 원하는 나트륨을 섭취할 수 있습니다. 하지만 칼륨에 비해 나트륨이 거의 없는 식물을 먹는 초식동물은 소금에 대한 갈망이 훨씬 큽니다. 그래서 목숨을 건 위험한 행동마저 마다하지 않는 경우가 많습니다.

서기 500~1,000년대를 유럽의 암흑기라고 말합니다. 당시 지구의 온난화 현상으로 바다 수면이 1미터 가까이 높아져 모든 염전의 소금 생산량이 급격히 줄어들었고 소금 품귀현상이 생겼다고 합니다. 소금이 줄자 여기저기서 탈수 현상과 정신 이상 증세를 보였고 사망자가 속출하기 시작했습니다. 이러한 소금 품귀

현상은 내륙지방으로 갈수록 더욱 심해졌습니다. 결국 사람들은 미쳐 날뛰고 몰골이 흡사 귀신처럼 되면서 소금 성분을 섭취할 수 있는 동물이나 사람의 피를 빨아 먹기에 이르렀습니다. 동물과 사람의 피는 항상 어느 정도의 염분을 보유하고 있기 때문이었죠. 지금도 아프리카 내륙지방에서는 소금이 모자라 소의 동맥에 뾰족한 대나무관을 꽂고 피를 빨아 먹습니다.

이랬던 소금이 근래에는 너무 흔하고 저렴해지면서 하루 섭취량이 10그램이 넘는 시대가 되었습니다. 부작용도 심각합니다. 보건당국은 소금나트륨 적게 먹기를 강조하지만 쉽게 해결되지 않습니다. 소금이 단지 짠맛이었으면 너무나 쉽게 해결될 문제인데 온갖 요리의 핵심적인 맛 성분이라 맛 경쟁을 하는 한 줄이기 쉽지 않습니다.

무작정 소금을 줄이면 맛의 중심이 사라져 다른 모든 맛과 향이 시들어버립니다. 맛을 결정적으로 좌우하는 것은 소금의 양이라 가장 과학적이고 정교한 요리책마저 소금의 양은 확정하지 못하고 적당량으로 표시하는 경우가 많습니다. 다른 재료는 양이 조금 변한다고 해서 맛에 영향을 크게 주지 않지만, 소금은 재료의 차이에 따라 미세한 조정이 필요할 정도로 예민한 성분이기 때문입니다.

소금의 마술은 거의 무한대입니다. 보통 자연물은 아주 복잡한 구성 성분을 가지는데 그들을 하나하나 분리해 맛을 보면 대체로 무미이거나 나쁜 맛인 경우가 많습니다. 나쁜 맛의 성분이 적거나 염과의 균형을 이루었기 때문에 맛이 괜찮은 경우가 많습니다. 예를 들어, 우유는 맛이 좋습니다. 우유에서 지방을 뺀 탈지우유도 그런대로 괜찮습니다. 그런데 탈지우유에서 염을 제거하면 맛은 완전히 나빠집니다. 여기에 다시 소금을 넣으면 원래 우유 맛이 납니다. 소금 때문에 우유 맛이 나는 것은 아니지만 우유의 숨겨진 비밀이 소금이기도 한 것입니다. 소금은 이처럼 나쁜 맛은 감추고 좋은 맛은 더 좋게 하는 능력이 탁월합니다. 그러니 소금을 줄이기가 쉽지 않은 것이죠.

소금 농도가 진해지면 쓴맛이 난다

혀가 어떻게 짠맛을 감지하는가에 대해서는 최근까지도 미스터리였습니다. 사실 미각 자체가 다른 감각에 비해 제대로 연구되지 않아 불과 10~20년 사이에 중요한 발견이 이어졌습니다. 2000년 쓴맛 수용체가 발견됐고, 2001년 단맛 수용체, 2002년 감칠맛 수용체, 2006년 신맛 수용체, 2010년 마지막으로 짠맛 수용체가 확인되었습니다. 더 놀라운 것은 이것의 대부분을 미국 컬럼비아대학교 찰스 주커 교수팀이 해냈다는 것입니다.

짠맛 수용체ENaC가 짠맛을 감지한다는 것은 알았는데 이것은 소금 농도가 증가할수록 짠맛과 그에 따른 쾌감이 증가한다는 것은 설명하지만, 소금의 농도가 너무 진해지면 불쾌한 맛이 느껴지는 기작은 설명하지 못합니다. 또한 소금염화나트륨 대신에 염화칼륨 같은 것을 쓰면 뒷맛이 불쾌한 쓴맛이 나는 이유는 설명하지 못하죠.

과학학술지 〈네이처〉의 2013년 2월 28일자에는 이 불쾌한 짠맛의 비밀을 밝힌 논문이 실렸습니다. 역시 주커 교수팀의 연구 결과입니다. 결론은 과도한 짠맛일 때 뇌에 쓴맛과 신맛의 정보를 전달하는 신경경로가 활성화되어 불쾌한 짠맛의 정보로 해석한다는 것입니다.

연구자들은 먼저 불쾌한 짠맛을 감지하는 능력을 방해하는 물질을 찾아보기로 했습니다. 그 결과 겨자씨 기름의 한 성분인 알릴이소티오시아네이트AITC가 불쾌한 짠맛의 감각을 무디게 한다는 사실을 발견했습니다. 그런데 놀라운 것은 이 물질이 쓴맛의 정보도 완전히 차단한다는 것입니다. 즉, AITC가 있으면 고농도 염의 불쾌한 짠맛이 줄어들 뿐 아니라 쓴맛을 내는 물질도 느끼지 못하게 됩니다. 이 현상을 좀 더 확실히 검증하기 위해 연구자들은 쓴맛을 느끼지 못하게 만든 변이 쥐가 짠맛에 어떻게 반응하는지 알아봤습니다. 그 결과 적정 농도에 대한 유쾌한 반응은 정상이었지만 고농도에 대한 불쾌한 반응은 확실히 약해졌습니다. 그래서 신맛의 경로 또한 불쾌한 짠맛 정보에도 관여한다고 가정하고 실험을 설계했습니다. 즉, 신맛 수용체 PKD2L1이 고장 난 쥐를 만든 것입니다.

미각 테스트 결과 예상대로 이 쥐는 신맛을 못 느낄 뿐 아니라 불쾌한 짠맛에도 둔감해졌습니다. 반면, 유쾌한 짠맛을 느끼는 감각은 정상이었습니다. 그렇다면 쓴맛과 신맛 모두를 느끼지 못할 경우 불쾌한 짠맛도 느끼지 못하게 될까요? 연구자들은 이를 확인하기 위해 두 변이 쥐를 교배시켜 두 미각이 다 고장 난 새끼를 얻었습니다. 그리고 이 녀석에게 미각 테스트를 하자 정말 불쾌한 짠맛을 느끼지 못하는 것으로 나타났습니다. 이처럼 맛의 감각의 기술은 꾸준히 발전하고 있고, 뜻밖의 많은 진실을 알려주기도 하죠.

단맛을 모르는 고양이, 감칠맛을 모르는 판다

지난 2005년 고양이는 단맛 수용체가 고장이나 단맛을 모른다는 사실이 밝혀졌습니다. 고양잇과 동물은 육식동물이라 단맛 수용체가 없어진 것인지, 단맛 수용체가 없어서 육식 동물이 된 것인지는 모르지만 결과적으로는 육식만 하므로 단맛 수용체가 작동하지 않아도 사는 데 지장이 없습니다. 그리고 닭과 흡혈박쥐도 단맛 수용체 유전자가 고장 나 있음이 확인됐습니다. 2010년에는 초식동물인 판다의 감칠맛 수용체 유전자가 고장 났다는 사실이 밝혀졌습니다. 육식을 포기하고 초식만 고집하는 이유가 확실히 밝혀진 셈이죠.

미국 모넬감각센터 연구자들은 육식 포유류의 미각 상실에 대한 좀 더 광범위한 연구를 수행했습니다. 식육목 12종7종은 육식, 5종은 잡식과 고래목 1종육식동물인 큰돌고래의 미각 수용체 유전자를 조사한 결과 예상대로 육식만 하는 종들은 단맛 수용체 유전자가 고장 나 있고, 잡식을 하는 5종은 온전했습니다. 그런데 단맛 수용체 유전자가 고장 난 자리가 종마다 달랐습니다. 한 번 유전자 변이가 일어나 여러 육식동물이 진화한 것이 아니라 여러 육식 동물이 출현했고 육식을 하다 보니 단맛 수용체가 고장이 나도 아무 문제없이 살아갔다는 설명이 타당해진 것입니다. 날개 달린 동물이 한 번 만들어져 여러 형태로 진화한 것이 아니라 곤충, 익룡, 새, 박쥐 등 각각 6가지 형태로 따로따로 진화한 것과 같은 맥락입니다.

그런데 수생포유류인 바다사자와 큰돌고래에서 아주 충격적인 결과가 나왔습니다. 이들은 단맛 수용체뿐 아니라 감칠맛 수용체 유전자도 고장 나 있었습니다. 육식동물인데도 고기 맛을 전혀 모른다는 말이 됩니다. 큰돌고래의 경우는 쓴맛 수용체마저 모두 망가져 있었습니다. 결국 큰돌고래는 짠맛을 제외한 어떠한 맛도 모른다는 뜻이 됩니다. 그러면 맛도 모르고 먹는다는 이야기일까요? 이에 대해 연구자들은 "그럴 것"이라고 말합니다. 이들 동물은 먹이를 씹지 않고 통째로 삼키기 때문에 어차피 맛볼 여유가 없습니다. 독 역시 도망칠 수 없는 식물에 많은 것이지 어류에는 드물기 때문에 혀로 맛을 느낄 필요가 없지요.

맛의 즐거움은 꼭 입이 아니라 내장기관으로도 느끼는 것이니 혀로 맛을 느끼지 못한다고 해서 그들을 동정할 필요는 없습니다. 맛을 너무 잘 느끼는 인간은 그 즐거움을 포기하지 못해 비만으로 고생하기도 하니까요.

짠맛에 대한
착각과
진실

천일염은 완벽한 천연의 소금일까

우리 고유의 전통 방식으로 얻은 자염은 '삶을 자' 자를 씁니다. 갯벌을 갈아서 들고 나는 바닷물을 한데 모아 염도를 한껏 끌어올린 뒤 이 물을 솥에다 끓여 소금을 얻는 방식입니다. 소금을 '굽는다'고 표현한 이유도 이 때문입니다. 단순히 짜기만 한 게 아니라 독특한 풍미까지 더해져 천연조미료 역할을 합니다. 천일염은 중국에서 먼저 만들어졌고, 개항 직후 값싼 중국 산둥반도의 천일염이 들어와 국내산이 고사 직전에 몰렸습니다. 이에 대항코자 대한제국 정부는 중국처럼 천일염전을 만들기로 했습니다.

먼저 인천 동부 주안 개펄에 시험 염전을 축조했습니다. 1907

년 주안에 만들어진 이 주안 염전이 최초의 천일염 염전이었습니다. 일본은 천일염을 생산할 수 있는 마땅한 지형이 없어 일제 강점기 총독부는 계획적으로 이러한 염전들을 서해안에 확대했습니다. 인천 주안에서 시작된 염전은 시흥과 평안도, 서해도, 경기도 등 서해안으로 확대되어 천일염을 대량으로 만들었고, 일본 정부가 그 소유권을 장악했습니다. 급기야 전쟁에서 화학·군수 산업의 원재료를 공급하기 위해 1942년 소금 생산을 전매제로 바꾸었습니다.

하지만 충청도 및 전라도는 우리나라 전통 소금 생산 방식인 자염 방식이 강해서 천일염전은 주로 인천의 북쪽 지역에서 이루어졌고, 이는 한국전쟁 이후 남한에 소금 기근 현상을 초래하는 결정적인 원인이 되었습니다. 그래서 1950년대 남한 정부는 서해안 일대에 집중적으로 천일염전 사업을 벌여 1955년에야 남한 내 소금의 자급기반이 조성되었습니다. 그 뒤 소금이 과잉공급 되자 1961년에 전매법이 폐지되면서 1962년 국유염전을 모두 민영화했습니다. 드디어 소금은 자유로이 제조, 판매될 수 있었습니다. 하지만 곧 과잉공급으로 이어져 염전은 급속히 쇠퇴하게 됩니다.

사실 가장 자연에 가까운 소금은 천일염이 아니고 암염입니다. 한때 바다였던 지역이 호수화되고 물의 공급량이 증발량보다 적으면 호수는 점점 말라서 소금으로 침전이 일어나고 이것은 시간이 지나면 돌처럼 단단한 암염이 됩니다. 인간의 손을 전혀 거치지 않은 자연 그대로의 소금은 암염인 것입니다. 내륙에는 소금이 워낙 귀해 철기 시대에 이미 유럽인은 암염을 캐기 위해 땅속 깊숙이 파고들었고, 당시 암염을 채취한 자리가 오늘날 거대한 동굴로 남았습니다. 소금 광산 주변에 사람들이 정착해 마을과 도시가 형성되었고, 이런 마을과 도시는 소금경제로 부를 축적했습니다.

천일염은 아무리 먹어도 문제가 없을까

정제염은 화학 소금이라 나쁜 소금이고, 천일염은 미네랄이 풍부해 아무리 먹어도 좋은 소금이라고 하는데 이 말이 사실일까요? 정제염은 염도가 98퍼센트이고 천일염은 염도가 80~90퍼센트 정도입니다. 천일염은 염도가 낮으니 정제염과 똑같은 양을 쓰면 나트륨을 10~20퍼센트 적게 먹을 수 있겠지만, 동일한 짠맛을 내기 위해 양을 늘리면 어차피 사람이 먹는 나트륨의 양은 똑같습니다.

천일염의 10~20퍼센트가 미네랄이라도 되는 것처럼 말하는 사람들이 있는데 사실 대부분 물입니다. 바닷물의 대부분은 염소$_{Cl}$와 나트륨$_{Na}$이고 황산$_{SO_4}$과 마그네슘$_{Mg}$이 다음으로 많습니다. 황산은 미네랄도 아니고 몸에 좋은 성분도 아닙니다. 그다음이 마그네슘인데 맛이 너무 씁니다. 천일염을 3년 동안 묵히는 이유가 이 마그네슘을 빼기 위함입니다. 칼슘도 쓴맛이고 묵히면 감소합니다.

우리나라 천일염은 염전에서 급속히 증발시키므로 바다 속 잡다한 물질이 모두 결정화됩니다. 그런데 천일염을 창고에서 오래 보관하면 염화나트륨$_{NaCl}$을 제외한 나머지 성분이 배출되어 점점 염화나트륨의 함량만 높아집니다. 육지에 존재하는 암염은 똑같은 바닷물로 만들어진 소금이고, 천천히 결정화되고 오랜 시간 방치되어 염화나트륨을 제외한 모든 미네랄을 배출해 순도 98퍼센트 정제염이 됩니다. 우리와 같은 천일염인 호주산 소금도 염화나트륨 함량이 98퍼센트 수준입니다. 여의도 크기의 깊은 염전에서 1년 이상의 시간을 두고 천천히 증발시키기에 순수한 염화나트륨이 따로 결정화되어 순도가 높은 것입니다.

천일염이 인위적 조작을 가하지 않았기 때문에 미네랄 함량이 높다고 말하는 것은 사실이 아닙니다. 정제염은 천일염보다 비용이 많이 듭니다. 비용을 들여가면서 정제염을 만드는 이유는 소금의 불순물을 제거하라는 법규 때문이고, 이때 소금을 제외한 나머지 성분이 제거되는 것이지 미네랄을 줄이기 위해서 정제하지는 않습니다. 소금은 숙성할수록 마그네슘뿐 아니라 다른 미네랄도 제거되는데 그러면 숙성은 나쁜 소금을 만드는 과정이라는 주장이 됩니다. 정제염에서 빠져 나가는 미네랄은 워낙 적은 양이라 영양학적으로 별 의미가 없고 필요하면 쉽게 추가가 가능한 성분이기도 합니다.

섭취량보다 중요한 것은 체내 조절 능력

어린 빌리는 소금을 먹기 시작했습니다. 그는 항상 음식에 소금을 많이 넣는 것을 좋아했고, 결국 그의 욕구는 통제할 수 없을 정도가 되었습니다. 소금 한 통이 며칠 만에 사라지는 것을 발견한 그의 어머니는 어느 날 부엌에서 뭔가를 먹고 있는 것을 보았습니다. 그것은 소금, 순수한 소금이었습니다. 그녀는 소금 통을 빌리의 손이 닿지 않는 선반 위에 올려두었습니다. 빌리는 "엄마, 그러지 마세요, 나는 소금을 먹어야 해요"라고 하면서 울기 시작했습니다. 다음 날 아침 그녀는 부엌에서 쿵 소리가 나는 것을 듣고 가보니 빌리가 소금을 꺼내려다 의자와 쓰러진 것입니다. 빌리는 눈물을 흘리면서 "엄마, 나는 소금을 먹고 싶어요! 소금 줘요!"
라고 말했습니다. 그녀는 소금을 줄 수밖에 없었고
빌리는 소금을 열심히 먹었습니다. 결국 엄마는 빌
리를 병원에 입원시켰습니다. 빌리가 애처롭게 울
면서 소금을 요청했지만 병원은 통상 아이들이 섭
취하는 만큼만 주었고 계속 소금을 찾는 빌리의 방
은 잠기고 말았습니다. 불행히도 빌리는 검사하기
도 전에 죽고 말았습니다.

_네일 R. 칼슨, 《생리심리학》 제7판 중

빌리가 그렇게 소금을 찾은 이유는 알도스테론의 분비가 안
되었기 때문입니다. 알도스테론은 신장에서 소금의 재흡수를 조
절하는 호르몬인데 이것이 없어 소금을 무작정 배출한 것입니
다. 그래서 혈액 속 소금이 부족해 빌리는 그토록 소금을 갈구한
것입니다. 만약 우리가 소금의 재흡수 기작이 없다면 빌리처럼
엄청난 소금을 먹어야 했을 것입니다. 육지에 살려면 소금의 재
흡수 능력이 반드시 필요하고, 바다에 살려면 소금의 배출력이
꼭 필요합니다. 소금의 농도 조절이 생존에 가장 중요한 요소이
니까요.

고래는 원래 육지동물이었습니다. 사슴이나 하마와 같이 발굽

을 가진 포유류였는데 신생대 초기에 시작해 약 800만 년의 세월을 거쳐 완벽하게 수생동물로 변했습니다. 물속에 살기 위해 귀가 변하고, 눈의 위치가 변하고, 수영법을 익혔습니다. 이 중에서 가장 중요한 체내 기관의 변화는 바다에 살기 위해서는 소금을 몸 밖으로 배출하는 능력을 갖추는 것입니다. 새나 악어는 눈 근처에 소금 배출 샘이 있으나 포유류는 그런 기관이 없는데 콩팥의 구조 변경을 통해 그걸 해낸 것입니다.

바닷물에 살려면 소금을 배출하는 능력을 키워야 하고 민물에 살려면 소금을 지키는 능력을 키워야 합니다. 우리 몸 안의 나트륨 균형에는 콩팥이 큰 역할을 하는데 제 기능을 못해 나트륨이 배출되지 않으면 세포 기능이 마비되어 심각한 상태에 이를 수 있습니다. 콩팥의 기능이 약한 아기의 경우 섭취한 나트륨을 배출하지 못하므로 고염식은 반드시 피해야 합니다.

MSG에 대한 섣부른 오해

2013년, MSG 사용 여부로 착한 식당인지 아닌지를 결정하는 프로그램이 큰 인기를 끌자 온 나라가 시끄러웠습니다. MSG에 대한 소비자의 불안감이 극도로 높아져 서울시 교육청에서는 학교 급식 기본지침으로 화학조미료 미사용을 결정했습니다. 서울대학교 교수 식당에는 '화학조미료를 사용하지 않습니다'라는 안내문이 붙었고, 국방부와 군부대 심지어는 지방의 한 자치단체도 MSG 안 쓰는 운동을 대대적으로 들고 나왔습니다.

내 저서 중에는 《감칠맛과 MSG 이야기》라는 책이 있습니다. MSG의 본질을 알면, '아니, 세상에 이 간단한 물질로 40년간이나 유해성 논쟁을 벌였단 말인가?' 하는 한숨밖에 나오지 않습니다. MSG는 한Mono 분자의 나트륨Sodium=Natrium과 글루탐산Glutamic acid=아미노산이 결합한 물질입니다. 나트륨은 바로 소금의 나트륨과 똑같은 분자이고 글루탐산도 우리 몸에서 사용하는 아미노산과 똑같은 분자입니다. 독성도 소금의 1/7이고, 사용량은 소금의 1/6에 불과합니다. 소금보다 40배는 안전한 물질인 것입니다.

군이 이슈를 삼을 만한 것이 있다면 MSG라는 물질 자체가 아니라, 혹시 제조 과정에서 의도하지 않았던 변형이 일어나거나 불순물이 혼입되지 않았는지 하는 것입니다. 혹은 그 자체는 안전하지만 과용하고 있는 것은 아닌지 정도에 불과합니다. 지금까지 어떤 불순물이 발견된 적은 없습니다. 섭취량도 완벽하게 안전합니다. 글루탐산은 세상에서 가장 흔한 아미노산이고 내 몸에서 매일 사용하는 양이 50그램이 넘는지라 MSG를 통해 추가되는 2그램 정도의 양은 전혀 해롭지 않습니다.

그런데 끝까지 의심하고 폄하하는 사람들이 많습니다. MSG가 안전하다고는 해도 상한 음식을 맛있는 음식으로 둔갑시키거나 맛을 획일화 시키는 나쁜 작용을 할 수 있다는 것입니다. 다른 성분도 MSG와 똑같은 잣대로 평가했으면 이 말에 수긍했을 텐데, MSG에만 유난을 떠는 집착입니다. 밍밍하고 맛도 없는 MSG를 음식에 넣으면 맛이 확 좋아지는 것이 첨가물의 마술이라고요? 그것은 마술이 아니라 맛의 근본 원리입니다.

음식에 소금을 넣으면 싸집니까? 전혀 아닙니다. 향이 풍부해지고 맛도 기가 막히게 좋아집니다. 그리고 세상 누구도 그것을 첨가물의 마술이라고 부르거나 불만을 품지 않습니다. MSG를 넣으면 갑자기 맛이 좋아지는 현상은 소금을 넣었을 때 맛이 좋아지는 현상과 완벽하게 같은 것입니다.

우리가 음식의 맛을 보는 것은 결국 먹을 것인지쾌감 먹지 말 것인지불쾌감를 판단하기 위한 것이지, 단맛이 나는지 짠맛이 나는지를 판단하기 위한 일이 아닙니다. 몸에 유용하다는 최종 판단이 뇌의 안와전두피질orbitofrontal cortex에서 일어나면 그것이 도파민을 분비시키고 도파민은 그 감각을 더욱 증폭시킵니다. 즉, 더 맛있게 느끼게 합니다. 이것은 '이 음식이 수상해!' '몸에 나빠!' 하는 정보를 받으면 그 음식의 맛이 뚝 떨어지는 메커니즘도 제공합니다.

단맛탄수화물, 짠맛필수 미네랄, 감칠맛단백질은 몸에 무척 소중한 영양이라서 이들이 있으면 안와전두피질은 나머지 모든 것도 좋은 것이라고 판단합니다. 때문에 마지막으로 첨가하는 소량의 소금, MSG, 설탕이 그렇게 강력한 맛의 효과를 보이는 것입니다. 맛은 결국 종합점수가 기준선을 넘으면 엄청난 가산점쾌감을 받아 더욱 점수가 높아지는 시스템입니다. 그래서 평범했던 맛이 약간의 첨가로 황금비율을 맞추면 그토록 좋아지는 것입니다.

우리는 그동안 설탕, 소금 MSG의 진정한 힘을 알지 못하고 너무나 흔하고 별 볼일 없는 것으로 여기며 살았습니다. 그들에 대한 해법은 항상 안이한 인식에 토대한 것이었고, 때문에 나트륨이나 당류 저감화가 실효를 보기 힘들었습니다. 신기한 것은 그러면서도 향은 또 지나치게 신비화하거나 역할에 대해 과장되게 인식했습니다.

김치에서 소금과 고추의 관계

김치 맛의 원형은 짠맛입니다. 육식을 주로 하는 문화권에서는 소금을 많이 먹지 않아도 되지만 곡물과 채소를 주로 먹으면 소금을 따로 먹어야 합니다. 한반도에서는 삼국시대 이후 고려·

조선을 거치는 동안 줄기차게 고기는 부족하거나 금기시되어 소금에 절인 '짠맛의 채소 절임' 식품이 발전했습니다. 그것이 바로 김치죠. 18세기 말과 19세기 초에는 거의 매년 기근이 들었습니다. 당시 구황식품의 대표는 쌀보다 소금이었습니다. 소금이 있으면 들판의 억센 초목을 절여 먹을 수 있었습니다.

〈중종실록〉을 보면, 함경도의 기근을 조사한 관리의 보고서가 나와 있습니다. "소금이 가장 긴요합니다. 곡물이 없더라도 채소에 섞어 먹으면 명을 이을 수 있습니다"라는 내용입니다. 그래서 굶주리는 백성이 생기면 나라에서 소금을 내렸습니다.

주영하 한국학중앙연구원 교수는 이런 시대 상황이 고추의 사용을 증가시켰을 것이라고 추정합니다. 고추의 캡사이신capsaicin이 소금 대체 효과를 낸다는 것입니다. 임진왜란 때, 일본을 거쳐 고추가 들어왔지만 200년 동안 식품으로는 많이 사용되지 않았습니다. 그러다 기근과 격변이 집중된 19세기 초반부터 김치를 담글 때 고추를 쓰게 됐지요. 유학자들이 지은 문헌에도 고추·마늘·파·젓갈 등의 양념을 김치에 많이 쓰라고 적극적으로 권유합니다. 소금에만 절이지 말고 다른 '대체물'을 찾으라는 이야기입니다.

이것은 가난한 조선 민중에게 잘 먹혔습니다. 소금보다 고추·마늘·파 등을 구하기 쉬웠고 소금의 대체물인 양념 채소는 원래부터 가난한 자의 음식이었습니다. 문화인류학자 이말 나시는 "잘사는 사람보다 그렇지 못한 사람이 더 맵게 먹는다. 농부와 노동자는 매운 고추 덕에 매일 먹는 밥의 단조로움을 이겨낸다" 라고 말했습니다. 요리의 맛은 짠맛소금이 주역이고 감칠맛과 향신료가 조역입니다.

4장

매운맛
이야기

고추
이야기

고추는 어떻게 먹게 되었을까

고추의 원산지는 남아메리카 지역으로 기원전 8,000~7,000년에 페루 산악지대에서 재배되었다고 합니다. 이런 고추가 세계로 퍼진 것은 후추 무역을 위한 항해의 우연한 부산물이었습니다. 15세기경 후추에 대한 유럽인의 욕구는 전쟁도 마다하지 않을 정도였습니다. 후추는 기호 음식의 차원을 넘어 유럽에서 권위의 상징이었고 후추의 값은 은값, 금값에 해당될 정도로 고가였습니다. 말린 후추 열매 1파운드약 453그램면 영주의 토지에 귀속된 농노 1명의 신분을 자유롭게 할 수 있었습니다.

당시 후추를 비롯한 계피, 정향, 육두구, 생강 같은 향신료는 소수만이 마음껏 소비할 수 있었습니다. 이런 향료 무역은 베네

치아 상인들의 독점으로 다른 나라가 비집고 들어갈 틈이 없었으며 그들이 챙긴 이윤은 실로 어마어마했습니다.

콜럼버스는 후추의 새로운 구입 경로를 확보하기 위해 범선을 타고 항해했습니다. 1492년 드디어 콜럼버스 일행이 도착한 곳이 인도라고 착각한 남아메리카 대륙이었고, 그곳에서 후추로 착각한 고추Red pepper를 발견했습니다. 그후 고추는 오랫동안 다른 유럽 국가에도 별다른 주목을 받지 못한 채 아프리카, 인도, 멜라카, 중국 남부해안 마카오, 일본의 나가사키, 필리핀 등으로 전파되었습니다. 그리고 우리나라에도 전달되었습니다.

그리고 보면 남미 마야 문명이 현대 인류의 식생활에 기여한 것은 아주 많습니다. 현재 인류가 가장 많이 재배하는 작물인 옥수수의 원산지이기도 합니다. 옥수수는 굉장히 경제적인 작물입니다. 1년에 50일만 일하면 걷을 수 있습니다. 마야 문명에서 옥수수는 신들이 사람을 창조했던 원료이며, 자연계 또는 신들이 내려준 신성한 선물로 여겼습니다. 그래서 옥수수신이 여러 신 중에서 높은 위치를 차지하고 있습니다. 그 외에 토마토, 초콜릿, 담배 등이 마야의 선물이며 용어에 그 흔적이 있습니다. 토마토tomato는 토마틀tomatl에서, 초콜릿chocolate은 남부 멕시코 인디오들이 카카오 콩에서 짜내는 음료 쇼칼라틀xocalatl에서, 담배cigar, cigarette는 '빨다'라는 뜻의 마야어 시가xigar에서 각각 유래했습니다.

그런데 유럽은 외국에서 들어온 후추, 담배 코코아는 속시 열광했는데 왜 고추는 그다지 주목하지 않았을까요? 아마 후추에 비해 너무 맵고 향이 부족한 이유가 클 것입니다. 후추는 열매를 간단히 가루로 분쇄해 사용하기 쉬웠는데 고추는 바로 가루로 만들기 힘든 이유도 있었을 것이고요. 그래서 고추를 먹기보다는 열매가 열리고 색깔이 바뀌는 모습이 아름답다고 이탈리아 일부 지역에서는 관상용으로 사용했다고 합니다. 토마토를 처음에는 관상용으로 사용했던 것과 비슷하죠.

고추의 매운맛의 정체는 캡사이신

대부분 사람이 고추를 좋아하는 이유는 매운맛 때문인데, 그 실체는 바로 캡사이신입니다. 캡사이신의 농도에 따라 매운맛은 달라집니다. 매운맛 정도를 표시하는 가장 대표적인 방법이 1912년 미국 화학자 윌버 스코빌Wilbur Scoville이 창안한 '스코빌 척도SHU'입니다. 인간의 혀만큼 정확한 매운맛 측정 도구는 없다고 주장한 그는 고추 추출물을 매운맛이 완전히 사라질 때까지 설탕물에 희석한 뒤 설탕물과 고추 추출물의 비율로 매운맛 강도를 측정했습니다. 할라피뇨의 경우 매운맛을 완전히 없애는 데 최대 5,000배의 설탕물이 필요해 5,000 SHU로 평가됐으며 부트 졸로키아는 100만 SHU를 넘은 최초의 고추가 됐습니다. 현재의 매운맛 측정은 분석기기를 통해 고추의 매운맛 성분인 캡사이시노이드capsaicinoid 함량을 측정하면 되지만 오랫동안 쓰였던 SHU가 아직도 많이 활용됩니다.

세상에서 가장 매운 것은 무엇일까요? 순도 100퍼센트의 캡사이신? 당연히 캡사이신은 매운맛이 일반 고추와는 비교할 수도 없이 높습니다. 청양고추보다 2만 배가 넘게 맵습니다. 그런데 순수 캡사이신보다 매운 것이 있다고 합니다. 바로 모로코 지역의 선인장류Euphorbia resinifera의 레진에서 유래한 천연물인 레시니페라톡신Resiniferatoxin으로 캡사이신보다 1,000배나 더 맵다고 합니다. 최루액으로 쓰는 캡사이신 희석액보다 5,000배나 강하니 가히 독극물 수준입니다. 그런데 이 독성물질도 충분히 희석하면 통증 완화 물질로 쓸 수 있습니다. 이와 비슷한 물질로 틴야톡신Tinyatoxin이 있는데 레시니페라톡신Resiniferatoxin의 1/3 정도입니다. 자연에는 정말 놀랄 만큼 특이한 물질들이 많습니다.

고추를 먹으면 왜 몸에서 열이 날까

캡사이신은 왜 그렇게 강력한 것일까요? 그것은 우리 몸의 온도 센서의 오동작 때문이기도 합니다. 우주에는 절대영도-273.16도에서 별의 내부온도인 수억 도에 이르기까지 온도의 범위가 매우 넓습니다. 하지만 인체가 민감하게 느끼는 범위는 아주 좁지요. 즉, 28~34도에서 적당하다고 느끼다가 온도가 좀 떨어지면 시원하다고 느끼고, 15도 밑으로 내려가면 춥다고 느끼면서 고통을 호소합니다. 반면 온도가 올라가면 따뜻하다고 느끼다가 42도가 넘어가면 뜨겁다고 느끼면서 역시 통증이 찾아옵니다.

결국 인간은 그 넓은 온도 중에서 15~42도 정도만 감각하면서 세상의 모든 온도를 아는 체하는 착각의 동물인 셈입니다. 우리가 고추를 먹을 때 즉시 작열감을 느끼는 이유는, 고추의 캡사이신이 고온을 감지하는 온도 센서인 TRPV1을 활성화시키기 때문입니다. 이 센서는 혀뿐만이 아니라 피부의 다른 민감한 부분에도 있는 것이니 여러 기관에서 작열감을 초래할 수 있습니다.

2000년 줄리우스 교수팀은 TRPV1이 없는 생쥐를 만드는 데 성공했습니다. 이 쥐는 평소에는 정상 생쥐와 구별이 잘 안 되는데 캡사이신을 투여하거나 주위 온도를 높였을 때는 행동에 뚜렷한 차이를 보입니다. 즉, 물에 캡사이신을 탈 경우 정상 쥐는 한 번 마셔보고는 질겁하고 다시는 입을 대지 않은 반면

TRPV1이 없는 쥐는 맹물처럼 벌컥벌컥 마십니다. 전혀 매운맛을 못 느끼는 것이죠. 한편 꼬리를 뜨거운 물에 담그면 정상 쥐는 얼른 꼬리를 빼는 반면 TRPV1이 없는 쥐들은 반응이 훨씬 느렸습니다.

TRPV1이 매운맛이나 열을 감지하는 센서임을 확증하는 동시에 열에 대한 감각이 완전히 사라지지 않은 것을 보면 다른 온도센서가 존재한다는 것을 알 수 있습니다. 생쥐 유전체를 분석한 결과 TRPV1과 비슷한 유전자가 몇 개 더 있는 것으로 확인됐습니다. 이들을 조사하자 전부 네 가지 유전자가 온도센서로 작동한다는 사실이 밝혀졌는데 TRPV1은 42도 이상일 때, TRPV2는 52도 이상일 때, TRPV3는 33도 이상일 때, TRPV4는 27~42도에서 채널이 열립니다.

결국, 뇌는 온도에 따라 이들 채널이 열리고 닫히는 패턴을 종합해 더운 정도를 판단하는 것입니다. 그리고 캡사이신은 열 센서 중에서 TRPV1에만 달라붙고 나머지에는 반응하지 않았습니다. 이 사실은 TRPV1이 없는 생쥐가 고추의 매운맛을 전혀 느끼지 못하지만 열에 대한 감각을 완전히 잃지는 않는다는 위의 실험 결과를 잘 설명해줍니다. 그리고 TRPV1은 캡사이신 외에 장뇌camphor, 후추의 성분인 piperine, 마늘의 성분인 allicin 등에 반응한다고 알려져 있습니다. 그리고 산acid, 에탄올, 니코틴 등은 TRPV1의 반응성을 증가시킵니다. 그러니 같이 있는 성분에 따라 매운맛의 정도가 달라지는 것이죠.

캡사이신은 번식을 위한 것

사람을 포함한 포유류는 캡사이신의 매운맛을 잘 느낍니다. 반면, 새들은 고추를 먹고도 태연합니다. 왜 그럴까요? 조류는 TRPV1이 없기 때문이 아니고 TRPV1의 구조가 포유류와는 조금 달라서 열은 감지하지만 캡사이신이 결합하지 않기 때문입니다. 대부분 감각 수용체는 세포막에 끼워져 있습니다. 그리고 각각의 형태가 달라서 결합할 수 있는 분자가 정해져 있지만 완벽하게 그 분자와만 결합하지는 않습니다. 단백질은 온도에 의해 구조가 달라질 수 있습니다. 그런 특징을 이용해 만들어진 센서가 온도 수용체인데, 다른 화학 물질과의 결합에 의해 변형되지 말라는 법이 없는 것입니다. 오히려 온도에 의해서만 반응한다면 그것이 더 부자연스러운 현상일 것입니다.

고추가 씨를 퍼뜨려 자손을 늘리려면 동물의 힘을 빌려야 합니다. 그런데 포유류와 새 중에서 어느 동물이 유리할까요? 쥐와 새가 모두 먹을 수 있도록 매운맛이 없는 돌연변이 고추로 실험한 결과 새의 경우 씨가 바로 장을 통과해 배설됐습니다. 그리고 거의 모든 씨가 싹을 틔웠지요. 반면, 쥐는 전혀 그렇지 못했습니다. 쥐는 고추에게 있어 씨의 천적인 셈입니다. 더구나 새는 고추씨를 과일 나무 덤불 아래 퍼뜨려 고추가 자라는 데 도움을 주었습니다. 씨가 넓게 퍼지려면 걸어다니는 포유류보다 날아다니는 조류가 더 좋은 파트너입니다. 따라서 캡사이신은 고추가 불청객인 포유류를 쫓아내려고 만들어낸 진화의 산물인 셈입니다. 그런데 이런 고추의 노력을 물거품이 되게 만든 동물이 등장했으니 바로 인류입니다. 다른 포유류처럼 고추를 통째로 먹으면 매운맛을 견디기 힘들지만, 요리의 양념으로 희석하면 음식의 맛을 돋궈준다는 것을 알아버린 것이죠.

흡혈박쥐는 얼굴에 있는 특별한 기관으로 먹잇감의 위치를 찾는데 이것이 바로 TRPV1입니다. 원래는 43도가 넘는 고열을 감지해 화상을 예방하는 기능을 하는데 흡혈박쥐의 TRPV1은 온도가 30도일 때부터 반응했습니다. 먹잇감의 체온을 감지할 수 있도록 변형된 것입니다. 이처럼 감각은 목적에 따라 여러 가지로 변용해 쓰이는 것이지 절대적인 것은 없습니다.

조건과 종류에 달라지는 매운맛

매운맛은 60도에서 가장 강하게 느낍니다. 맛있기로 소문난 음식점의 매운 음식이 대개 뜨거운 것도 이런 이유입니다. 매운 음식을 60도 이상으로 조리하면 매운맛이 살아나서 입맛을 아주 강하게 자극하고, 그 결과 음식이 맛있게 느껴집니다.

미국 스크립스연구소의 아뎀 파타퓨티안 박사팀은 마늘에 포함된 '알리신'이라는 성분이 입안에 있는 열 수용체 2가지TRPA1과 TRPV1를 활성화시켜 매운맛을 느끼게 한다는 사실을 발견했습니다. TRPV1은 고온인 반면, TRPA1은 통증을 느낄 정도의 차가움이나 계피, 겨자 등에 포함된 자극적인 성분에 반응합니다.

쓰촨 요리에서 매운맛의 주역은 쓰촨 산초인데 한국의 산초와 다른 종류입니다. 이 향신료는 초피나무 열매로 여기에 3퍼센트 포함된 하이드록시 알파 산쇼올hydroxy alpha sanshool이라는 성분이 얼얼함의 주역입니다. 영국의 유니버시티 칼리지 런던 연구팀에 따르면 산쇼올 성분이 든 산초액을 입술에 발랐을 때 초당 50회 진동50헤르츠하는 듯한 자극을 받는 것으로 조사됐습니다. 이 진동은 피부 진피에 있는 돌기 안에 위치한 마이스너소체촉각소체를 자극한 것으로, 마이스너소체는 피부에서 떨리는 자극에 반응합니다. 화학 물질이 화학 센서뿐 아니라 온도 센서, 촉각 센서를 자극하기도 하니 우리 몸은 그저 살아가는 데 적당할 정도만 정교한 셈입니다. 우리는 그런 맹점을 이용해 쾌락을 누리는 데 쓰기도 합니다. 맛을 위해서라면 별짓을 다하고 별것을 다 연구하는 동물인 셈이죠.

어떻게 고통이 즐거움이 될 수 있을까

매운맛은 객기입니다. 불타는 듯이 빨간 음식은 우리에게 분명 위협적으로 보입니다. 그러면서도 유혹적이지요. 우리는 왜 눈물 나게 매운 음식을 뻔히 알면서도 먹을까요? 캡사이신은 동전의 양면과 같아서 처음엔 통증을 일으키지만 나중에는 진통 작용을 합니다. 사실 매운맛은 뜨겁지 않은 화상이고, 뇌가 만든 가상의 아픔입니다.

고추를 먹으면 캡사이신이 TRPV1을 자극하고 TRPV1이 활성화되면 몸은 화상을 입은 것으로 판단합니다. 그리고 뇌는 화상의 고통을 덜어줄 진통 성분인 엔도르핀을 만들어 몸을 위로할 필요가 있다고 결정합니다. 그래서 진통 성분이 분비되는데 실제로는 화상을 입은 것이 아니므로 통증은 금방 사라지고 묘한 쾌감이 남습니다. 매우 위중한 상황으로 감각했는데 실제로는 전혀 위험하지 않기 때문에 화끈거리는 느낌이 사라지면 은근한 시원함이 남는 것이죠. 즉, 캡사이신이 진통제인 엔도르핀을 분비하게 해 우리를 중독에 빠지게 만드는 것입니다. 매운맛은 중독입니다. 세상에서 제일 쉬운 게 금연이라는 농담처럼, 사람들은 매운 음식을 끊었다가 다시 먹기를 반복합니다.

한국인의 유난스러운 고추 사랑

한국인 1인당 연간 고추 소비량이 4킬로그램, 매운 라면의 연간 판매량이 8억 개에 이르고, 한 맛집 사이트의 3,000여 개 식당 중 매운맛 전문 음식점만 100여 개라고 합니다. 매운 고추는 세계적으로도 소비량 4위인 채소입니다. 미국에서는 3위이고 유럽, 일본에서도 소비가 증가하는 추세입니다.

하지만 우리나라는 유난합니다. 매운 떡볶이, 매운 낙지볶음, 매운 해물찜, 불닭, 불갈비, 심지어는 피자, 햄버거에 이르기까지 고추의 매운맛을 탐닉하는 사례가 식당가에 만연합니다. 1인당 1년 소비량이 말린 고추, 고춧가루 등을 합해 3.8킬로그램으로 세계 최고 수준이고, 한국에서 농가 소득에 대한 경제적 기여도도 쌀, 돼지, 한우에 이어 4위입니다. 채소류 중에서는 경제적 면에서 농가 기여도가 1위입니다.

매운맛의 출몰은 주기적입니다. 라면의 경우 1980년대에 한국 라면의 대표주자라 할 수 있는 매운맛 라면이 나왔습니다. 1986

년 출시된 농심 '신라면'은 출시 즉시 폭발적인 인기를 끌어 1988년에는 농심의 라면 시장 점유율이 절반이 넘는 50.6퍼센트까지 치솟았습니다. 그리고 한동안 잠잠하다가 더욱 강렬한 매운맛이 인기를 끌었습니다. 이런 강렬한 매운맛을 주도하는 것은 주로 20~30대의 젊은 층입니다. 경제 불황의 스트레스가 어느 정도 반영된 것이 아닌가 생각합니다. 사회가 인간에게 주는 스트레스가 강할수록 고추의 매운맛은 주목받는 경향이 있습니다.

우리나라 사람들은 고추 이전에도 매운맛을 좋아했습니다. 예전부터 매운맛을 내는 호초·천초·겨자·마늘을 김치 양념으로 사용했는데 고추가 그 역할을 대신한 것입니다. 그리고 고추가 후추보다는 훨씬 경제적이어서 고추를 더 찾게 되었을 것입니다. 산초와 후추 등은 고추에 비해 생산성이 떨어지고 고가라서 사용에 부담이 있는데, 고추는 비교적 재배가 용이하고 다른 매운맛의 향신료에 비해 저렴합니다.

고추는 특히 옥수수, 콩, 쌀과 같은 순하고 전분이 많은 음식을 주식으로 하는 음식문화, 즉 멕시코, 인도 음식 등에서 인기가 높습니다. 우리는 쌀밥이 주식이라 밋밋하기 쉬운데 고추가 적절한 자극을 준 것입니다. 그리고 예전에는 소금이 엄청 귀했을 때, 산골이라면 소금보다 상대적으로 고추를 구하는 것이 쉬웠습니다. 소금이 없어 맛이 없어지는 부분을 고추의 매운맛으로 상당히 보완할 수 있었던 것입니다.

우리 민족은 상대적으로 향을 좋아하시 않는 편입니다. 밥에 어울리는 반찬의 향 정도면 만족하지 독특하거나 강력한 향은 선호하지 않습니다. 한국의 맥주가 맛없다고 하지만 나름 그런 문화에 어울리는 타입이고, 향이 없는 소주가 가장 많이 팔리는 것을 보면 향에 대한 욕망은 별로 없는 듯합니다. 그것이 바로 후추보다 고추가 인기 있는 이유겠지요.

향신료의 역할

향신료, 사람들을 매료시키다

사실 소금 자체는 맛이 없고나쁘고, MSG나 향신료도 자체로
는 맛이 없습니다나쁩니다. 오레가노oregano 잎사귀나 정향, 또는
바닐라콩을 한 번 씹어 보면 확실히 즐거움과는 거리가 멉니다.
향신료를 그대로 먹으면 대부분이 떫고, 거북하며, 얼얼합니다.
게다가 과량으로 섭취하면 독성이 강합니다. 육두구의 경우 중
국에서는 류머티즘과 위통을 치료하는 데 쓰였고 동남아시아에
서는 설사와 복통에 쓰였습니다. 유럽에서는 최음제와 마취제로
쓰였을 뿐만 아니라 흑사병 예방약으로도 쓰였습니다.

약으로 쓰였다는 것은 과하면 독이 된다는 말입니다. 예전에
는 매우 귀해 소량만 사용했기에 괜찮았을 뿐입니다. 육두구 한

알만 먹어도 메스꺼움을 느끼고 땀을 비 오듯이 흘리며 심장 박동이 빨리지고 혈압이 매우 높게 상승하고 며칠 동안 환각에 시달린다고 합니다. 이보다 많아지면 생명이 위험합니다.

2014년 2월 경기도 고양시에 있는 유명한 인도 음식 전문점에서 손님 가운데 23명이 두통, 마비, 구토 등의 증상을 보여 인근 병원에서 치료를 받거나 입원한 일이 있었습니다. 카레를 선택한 손님에게서만 증상이 나타났고, 복통과 설사는 없고 음식을 섭취한 뒤 불과 한두 시간 만에 빠르게 증상이 나타난 것으로 보아 식중독이 아닌 육두구 과잉현상으로 추정했습니다.

향신료는 원래 동물과 미생물의 공격에 맞서기 위해 만들어진 성분이기도 합니다. 그런데 인간은 허브와 향신료를 이용해 음식에 맛을 더합니다. 허브는 식물 잎을 이용한 것이고, 향신료는 식물의 씨앗·껍질·뿌리 등을 이용해 만든 것입니다. 우리는 이것들을 미량으로 사용하는데 영양학적으로는 사실상 아무런 가치가 없습니다. 하지만 예전부터 이들은 가장 고가이며 대접받는 식재료 중 하나였습니다. 소량만으로도 아주 특별한 맛을 부여했기 때문이죠.

새로운 맛이 주는 쾌감과 즐거움

사실 향신료를 넣어 먹는 동물은 인간뿐입니다. 인간은 동일한 자극에는 쾌락 적응hedonic adaptation으로 인해 금방 지루해합니다. 통증도 시간이 지나면 약해지는데 쾌감이라고 약해지지 않을 리 없습니다. 사실 긍정적인 것은 부정적인 것보다 빨리 약해집니다. 꿈에 그리던 멋진 아파트에 입주해도, 어렵게 승진해도 그 기쁨은 몇 주나 몇 달이면 시들어버리죠.

하물며 매끼 먹은 음식의 쾌감은 얼마나 갈까요? 아무리 맛있는 음식도 한 가지만 계속 먹다 보면 질리기 마련입니다. 이것은 한 끼 음식을 먹을 때도 적용됩니다. 아무리 고기를 좋아한다 해도 순수하게 고기만 계속 먹으라고 하면 금방 질립니다. 가장 물리지 않는 음식에 속하는 밥마저 그렇습니다. 아무런 반찬 없이 밥만 먹으라고 하면 즐거움은 금방 사라집니다.

새로움은 경계와 위험이기도 하지만 스릴과 쾌감이기도 합니다. 인간은 타고난 모험가입니다. 과거에는 새로운 서식지와 음식을 찾아 꾸준히 이동하기도 했습니다. 맛에 있어서 새로움의 추구는 다양한 음식을 먹게 해주는 역할을 하고 다양한 식량자원을 개발하게 했습니다. 새로움에 대해 쾌감과 모험심을 느끼지 못했다면 연약한 동물인 인간이 지금과 같은 번영을 누리지는 못했을 것입니다. 세상의 모든 동물 중에서 인간처럼 다양한 재료를 먹는 동물은 없습니다. 대부분 동물은 초식이나 육식으로 편식하지 삽식하지 않습니다. 잡식동물도 극히 제한적 범위의 잡식인데 인간은 정말 아무것도 가리지 않죠. 심지어 독이 있는 식물마저 독을 중화하거나 제거하는 방법을 찾아 먹을 정도로 다양한 재료를 먹습니다. 세계 유일의 울트라 슈퍼 잡식성 동물인 것입니다.

고통을 즐거움으로 바꾸는 법

맛맛하거나 단지 달고 짜고 시큼한 음식에 향신료를 추가하면 순식간에 맛이 강렬해집니다. 가령, 후추를 몇 입만 먹어도 우리는 숨 쉬는 것까지 의식하게 됩니다. 이런 강한 신경 자극은 단맛, 신맛, 짠맛 등의 감각을 둔화시켜 맛있는 맛으로 수렴시키기도 합니다.

허브와 향신료 자체는 매력이 없습니다. 심지어 유독할 수도 있지요. 이것을 무독할 뿐 아니라 맛있는 것으로 탈바꿈하는 아주 간단한 원리가 있는데 바로 희석입니다. 독을 충분히 희석하면 약이 되듯이 향신료도 희석하면 맛을 압도하지 않으면서 적절한 자극을 줍니다. 곡물이나 고기에 없는 풍미를 보태주며, 음식을 더 복합적이고 입맛 당기는 맛으로 만듭니다.

허브와 향신료는 향을 제공하는 것이 주목적인데 향보다는 전혀 엉뚱한 자극을 주는 것이 목적인 경우도 있습니다. 바로 맵다는 통각을 자극하는 향신료입니다. 고추, 후추, 생강, 겨자, 서양고추냉이, 와사비 등 극히 일부 향신료는 흔히 '맵다'라고 표현하는 특성 때문에 대단한 대접을 받고 있습니다. 그것은 맛도 아니고 향도 아닌 온도감각통증이기도 합니다. 향신료는 종류가 너무 많기에 여기서는 한국인이 가장 좋아하는 고추에 대해서만 알아보고자 합니다.

매운맛에 대한 착각과 진실

향신료는 미생물의 침입을 막아줄까

뉴욕 코넬대학교의 폴 W. 셔먼과 제니퍼 빌링은 4,500종 이상의 고기 요리에 사용된 향신료를 분석해 향신료가 보존성을 높이기 위한 것이라고 말했습니다. 예전에는 냉장 시설이 없어서 음식이나 재료가 쉽게 상했습니다. 향신료가 요리에 쓰이는 빈도를 조사해보면 마늘, 양파, 칠리, 큐민, 계피 같이 세균을 특히 잘 퇴치하는 독한 향신료들은 추운 나라보다 더운 나라의 요리에 더 자주 등장합니다.

반면, 파슬리나 생강, 레몬, 라임처럼 항균 작용이 약한 향신료들이 쓰이는 빈도는 더운 나라건 추운 나라건 별 차이가 없습니다. 그리고 식물보다는 동물 위주의 메뉴에 향신료가 많이 쓰입니다. 식물은 죽은 다음에도 단단하고 질긴 세포벽이 미생물의 침입을 상당 부분 막아줘 보존성이 길기 때문입니다. 우리나라에서도 향신료고춧가루를 많이 쓰는 매운 요리를 보면 철판낙지볶음, 불닭, 매운탕 등 주로 고기 요리가 많습니다.

향신료를 보존료로 쓴다는 주장은 좀 무리가 있습니다. 차라리 약간 상한 음식을 좀 더 먹을 만하게 해준다는 말이 좀 더 그럴 듯합니다. 중세 유럽은 향신료 가격이 정말 비쌌습니다. 거의 금값이었죠. 그런 향신료를 넣어서 보존성을 높였다는 것은 상상하기 힘든 일입니다. 당시에는 귀족이나 부자들만 향신료를 쓸 수 있었는데 귀족들에게 제공되는 식재료 중 상한 재료는 그리 많지 않았습니다.

또한 향신료가 나쁜 맛을 완전히 개선해주지는 않습니다. 아주 미세한 나쁜 냄새는 더 강한 냄새를 통해 주의를 돌릴 수 있겠지만 나쁜 냄새 자체가 없어지지는 않습니다. 향신료는 고기를 훨씬 맛있게 먹기 위한 용도였다고 해야 할 것입니다.

사실 우리가 가장 흔하게 쓰는 향신료인 고춧가루는 미생물을 억제하기는커녕 자체가 미생물 범벅입니다. 캡사이신이 포유류에게나 매운 성분이지 미생물에게는 전혀 그렇지 않습니다. 후추를 비롯한 많은 허브와 향신료에도 한 번 손가락으로 집는 정도의 양에 수백만 마리의 미생물이 들어 있으며, 더러 대장균과 살모넬라, 바실러스 등 질병 유발 미생물 변종들이 들어 있기도 하지요. 향신료도 살균할 필요가 있지만 가열하면 향기가 변해 품질이 떨어집니다. 세상에 유통되는 10퍼센트 정도의 향신료는 미생물 살균을 위해 방사선을 쏘이는데, 우리나라는 방사선 조사에 대한 오해가 심해 전혀 사용하지 못합니다.

풍요롭기로 유명한 로마 시대에도 향신료는 아무나 쓸 수 있는 것이 아니었습니다. 손님들은 자신을 초대한 집의 요리 맛과 부富의 진정한 상징이 된 향신료들을 보고 그 집의 주인을 평가했습니다. 귀족들은 향신료 중에서도 가장 비싼 것들을 선호했습니다. 결국 당시 귀족이 자신의 능력權力을 보여주는 수단으로 향신료를 사용했다는 설명이 가장 설득력 있습니다. 향신료의 공급이 많아지자 오히려 향신료의 인기와 사용이 줄었다는 것이 그 증거입니다. 귀족들은 향신료 대신 다른 식재료나 화려한 장식 등으로 자신의 능력을 과시했습니다.

향신료는 향과 통각뿐일까

향신료는 온도감각 수용체를 자극해 맛을 더 강하게 느끼게 합니다. 그리고 강한 자극은 맛을 기억하는 데 큰 영향을 줍니다. 마치 평범한 일상은 기억하지 않고 강한 공포나 쾌감을 유발하는 일을 오래 기억하는 것과 같죠. 자극은 기억을 유발하고, 기억은 익숙함을 낳습니다. 향신료의 강한 맛을 위험하다고 생각했지만 실제로는 그렇지 않다는 것을 알고 즐거운 추억으로 기억하는 것입니다. 타는 듯이 매웠는데 순간적인 착각이었음을 알면 웃으면서 즐길 수 있습니다.

고추의 캡사이신은 온각인 TRPV1을 자극할 뿐 아니라 짠맛과 단맛 수용체도 자극한다고 합니다. 항우울제 기능도 가지고 있습니다. 그리고 후추의 피페린은 도파민, 세로토닌, 노르에피네프린 등 기분을 좌우하는 호르몬을 분해하는 효소 활성을 억제합니다. 뇌에서는 이들 호르몬이 높은 수준을 유지해 기분이 좋아집니다.

그래도 향신료의 가장 강력한 기능은 맛을 좋게 하는 것입니다. 자체 향뿐 아니라 전혀 기대하지 못했던 숨겨진 기능을 통해서도 맛을 좋게 합니다. 겨자씨 기름에는 알릴이소티오시아네이트AITC가 있는데 이 물질은 쓴맛의 정보를 차단합니다. 과도한 짠맛도 약하게 느끼게 합니다. 이처럼 향신료는 향을 부여하고 맛을 조화롭게 하니, 좋아하는 데 충분한 이유가 있다고 해야 할 것입니다.

5장

향
이야기

향의
비밀

언제부터 향신료를 썼을까

향신료는 고대부터 단순한 음식 그 이상이었습니다. 약으로 대접받기도 했고 나아가 어떤 초월적 속성을 가진 것으로 여겨졌습니다. 바로 보이지 않는 향 때문입니다. 향에 대한 인간의 사랑은 좀 특별합니다. 신에게 제사를 지낼 때 향이 나는 것을 태워 향기를 하늘로 올려 보내 신들을 즐겁게 했습니다.

향의 역사는 불의 역사와도 함께합니다. 인류는 몇 십만 년 전부터 불을 사용하기 시작했습니다. 뭔가를 태울 때는 평소보다 강한 향이 납니다. 마른 나뭇가지와 수지, 풀 등을 태울 때 그중 어떤 것들은 타오르면서 매혹적이고 신비로운 향취가 나 신적인 감각을 불러일으켰습니다.

그들은 향료를 뜻하는 단어를 만들었습니다. 향료를 나타내는 단어는 영어로 perfume, 불어로 parfum인데, 이 단어들은 라틴어 per fumum through smoke에서 유래했습니다. per는 '통하여', fumum은 '연기'라는 뜻입니다. 향기 나는 수지나 나무, 풀을 태우는 것에서 향료의 역사는 시작되었고, 향료는 신과 인간과의 교감을 위한 종교적 매개체였습니다.

고대 이집트에서는 태양신에게 제사를 지낼 때 향료에 향을 피웠으며, 그리스에서도 종교 의식에 많은 향료를 사용했습니다. 또한 예로부터 인류는 병에 걸리거나 상처가 나면 주위 식물이나 동물에서 약효가 되는 성분을 찾았습니다. 그중 향기가 좋은 성분을 점차 식물성, 또는 동물성 향료로 사용했습니다.

사실 클레오파트라의 매력은 코가 아니고 그녀가 사용한 감미로운 향과 언어였다고 합니다. 그녀는 매일 감송유甘松油를 몸 전체에 바르고 목욕 후에 장미, 수선, 백합 등의 향내가 담긴 향유를 사용했습니다. 그녀는 항상 향으로 집안을 채웠고, 향이 들어 있는 사탕과자나 음료, 셔벗 등을 즐겨 먹었다고 합니다. 향의 원료재배와 제조기술이 특정 지역에 한정되어 향유와 향고는 고대 귀족들에겐 권력과 부의 상징이었고, 일반인들이 향을 갖는다는 건 꿈이었다고 합니다. 그 후로도 오랫동안 향료와 향신료는 아주 귀한 것이었고 냄새로써 인간에게 천국의 한 자락을 선물했습니다. 서양인에게 향신료는 현실에 존재하지 않는 아라비아와 같은 선설의 땅에서부터 온 신비한 물건이있기 때문입니다. 이런 낙원의 향기에 대한 갈증이 유럽인의 대탐험, 그리고 결국에는 아메리카의 발견을 견인하기도 했습니다.

요즘 향료와 향신료는 우리의 일상 가까이에 있습니다. 사용량도 예전과는 비교할 수 없지요. 거의 모든 나라의 모든 음식에 향신료가 쓰입니다. 그래서 특유의 향으로 다른 문화와의 차이를 만듭니다. 굳이 그 나라에 가지 않고도 한 끼는 이탈리아의 맛을, 다음 한 끼는 태국의 맛을 느낄 수 있게 해줍니다.

인간의 후각은 먹이의 탐색보다는 먹이의 판단에 쓰였습니다. 인류의 선조는 동물 사체에 붙어 있는 고기 조각에서부터 견과, 과일, 잎, 덩이줄기까지 먹을 만한 것들이면 무엇이든 찾아내 먹었습니다. 멀리 떨어진 음식을 후각으로 찾는 것보다는 주변에 있는 것들이 과연 먹어도 괜찮은 것인지 아닌지를 미각과 후각에 의지해 판단한 것이지요. 그래서 다른 동물과는 다르게 다양한 먹을거리가 포함된 다채로운 식단을 즐겼죠.

그렇게 다양한 수렵채집 생활을 하다가 1만여 년 전 농업을 시작하자 먹거리 형태가 완전히 바뀌었습니다. 다양하지만 우발적인 식단에서 예측 가능하지만 단조로운 식단이 된 것입니다. 고밀도의 에너지원이지만 밋밋한 맛을 가진 밀, 보리, 쌀, 옥수수 등을 먹고 살면서 그들이 누릴 수 있는 맛의 종류가 너무 적어진 것입니다. 하지만 그들은 여전히 예전의 냄새와 맛의 감각들을 가지고 있습니다. 그래서 새로운 자극을 찾아 모험을 했습니다. 주곡 위주의 단순한 맛에 허브와 향신료의 마법을 가미해 다시 수렵채집 시절의 화려한 먹거리의 추억을 유지한 것입니다.

맛은 5가지, 향은 수만 가지

향은 휘발성의 화학 물질입니다. 우리의 미각은 종류가 많지 않아서 단맛, 신맛, 짠맛, 쓴맛, 감칠맛이 전부입니다. 나머지는 향이죠. 그래서 감기에 걸리거나 손가락으로 코를 막아 냄새를 맡을 수 없게 되면 사과와 배를 구분하기가 어렵습니다.

모든 향기 물질은 휘발성을 가지고 있습니다. 허브와 향신료로부터 증발해 공기 속으로 날아오를 수 있을 만큼 충분히 작고 가볍습니다. 분자량이 300이하죠. 온도가 높을수록 이런 냄새 물질의 휘발성은 더욱 증가합니다. 음식을 가열할 때 향이 강해지는 것은 이런 이유입니다. 냄새가 휘발함에 따라 그 공간은 냄새로 가득 찹니다. 우리가 주변에서 보고 맛보고 만져서 감각하는 대부분 사물과 달리 향은 보이지 않고 만질 수도 없는 존재입니다. 그러니 분자와 냄새 수용체에 대해 알지 못했던 과거에 향은 신비하고 존재와 권능의 영역을 떠올리게 하는 '무엇'이었습니다. 이러한 본질주의적 성향은 지금도 사과 맛이 사과의 냄새가 아니고 사과 맛 성분이 따로 있을 거라고 믿게 하는 요인이기도 하지요.

코는 맛을 위한 기관이 아니다

물고기는 코가 있을까요? 사람은 맛과 향을 쉽게 구분합니다. 휘발해 코로 느끼는 것은 냄새이고, 음식물에 녹아 있어서 혀로 느끼는 것은 맛입니다. 맛 성분이 코로 갈 확률은 거의 없습니다. 그런데 물에는 냄새 물질과 맛 물질이 같이 녹아 있습니다. 맛 성분과 향기 성분이 입과 코로 동시에 간다는 뜻입니다. 그런데 따로 코가 있을 필요가 있을까요?

장어나 연어가 산란기에 냄새를 따라 수천 킬로미터를 헤엄쳐 원래 태어난 곳을 찾아가는 것은 유명한 사례이고, 일반적인 물고기도 사람보다 후각이 훨씬 뛰어납니다. 헤엄칠 수 없는 애벌레 단계의 새끼들은 물결에 밀려 태어난 곳에서 최고 32킬로미터까지 밀려가는데 이때에도 후각에 의존해 집을 찾아옵니다. 후각이 뛰어나기 때문에 탁하고 어두운 물이나 컴컴한 밤에도 문제없이 먹이를 찾습니다. 미각은 영양 정보의 탐색을 통해 음식을 먹을지 말지를 판단하는 데 쓰고, 후각은 먹이와 집을 찾고 적의 냄새를 맡아 피하는 데 쓰입니다. 용도가 전혀 다르기 때문에 입과 코가 따로 있는 것입니다.

주변에 후각이 뛰어난 동물은 많습니다. 개는 인간보다 최대 10만 배나 예민한데 후각세포가 인간의 10배 정도의 공간에 10배 이상 촘촘하게 배치되었습니다. 또한 냄새 탐색에 용이하게 종잇장처럼 얇은 뼈들이 미로처럼 얽혀 있는 '후각 함요'라는 구조를 가지고 있습니다. 그리고 1초에 최대 다섯 차례까지 냄새를 들이마시며 끊임없이 주위를 살피기 때문에 냄새 탐색 능력은 사람이 쫓아가기 어렵습니다.

몸길이가 3밀리미터에 불과한 초파리도 나름 훌륭한 후각을 가지고 있습니다. 과일 썩는 냄새가 조금이라도 나면 귀신처럼 모여듭니다. 냄새분자에 결합된 수소가 일반 수소인지 중수소인지의 차이를 구분할 정도이고 술에 들어 있는 알코올의 농도도 정확히 구분할 수 있습니다. 알코올 농도 3~5퍼센트의 맥주에는 이끌리지만 보드카나 진 가까이에는 얼씬도 하지 않습니다. 적당한 농도의 에탄올을 함유한 식품에서 자라는 유충은 건강한 성충이 되어 기생충에 감염되지 않지만 너무 높은 농도의 에탄올은 치명적이기 때문입니다.

모든 동물에게 후각은 먹이에 대한 정보를 제공하는 것보다 훨씬 더 많은 역할을 합니다. 사실 동물은 시각이나 청각보다 후각이 지배적인 김각입니다. 적은 양의 페로몬을 감지하면 오로지 그 냄새를 향해 돌진하기도 하고, 맹수의 분비물 냄새를 맡으면 온 몸이 오그라들어 꼼짝 못하기도 합니다. 코는 동물들에게 주변 공기, 땅, 그 땅에서 자라는 식물들, 가까이 다가오고 있는 행여 적일 수도 있고 먹이가 될 수도 있는 다른 동물에 대해 알려줍니다.

이러한 사실을 이해하면 우리가 미미한 냄새에 왜 그토록 예민한지 알 수 있습니다. 또한 동물에게는 냄새를 그에 수반되는 특정한 상황과 연결시키는 일이 대단히 중요합니다. 호랑이가 중요한 것이 아니라 호랑이를 어떤 순간에 만났는지 그 장면을 기억하는 일이 중요하고, 먹이를 찾았을 때 그 냄새와 장소를 같이 기억하는 것이 생존에 결정적인 요소이기 때문입니다. 그래서 냄새는 그와 연관된 장면이나 감정을 떠올리게 하는 힘이 있습니다.

풍미 물질의 3가지 원천

세상에는 정말 독특한 향신료가 많습니다. 그 안에는 각자 자기만의 향기 물질이 있으리라 생각하지만 여러 가지 상이한 냄새 물질의 혼합에 의한 경우가 많습니다. 대부분 향신료는 수십 수백 가지의 냄새 물질의 조합입니다. 그중에는 정향, 계피, 아니스, 타임처럼 특정 물질이 도드라져서 주된 특징을 제공하는 경우도 있지만, 대부분 주인공을 찾기 힘들 정도로 많은 냄새 물질의 조합으로 만들어진 것들이 많습니다.

향기 물질은 식품에만 1만 종 정도가 발견되었는데 기원 물질에 따라 분류하면 크게 3가지 정도입니다. 테르펜, 방향족, 지방족이 바로 그것인데 대부분 식물이 합성한 것입니다. 가장 대표적인 그룹이 테르펜계 냄새 물질인데 5개의 탄소 원자로 구성된 이소프레노이드라는 물질을 바탕으로 만듭니다. 이 물질은 놀라우리만치 여러 용도로 쓰이는데 구부리고, 결합하고, 변형시켜 정말 다양한 물질이 만들어집니다.

대표적으로 식물들이 방어용으로 만드는 테르펜 물질들입니다. 침엽수들의 잎과 껍질에서 많이 만들어져 피톤치드라고도 합니다. 감귤류 과일들, 꽃들에 나타나며 모든 식물 향의 기본을 이룹니다. 테르펜 분자들은 작고 휘발성이 강해 코에 가장 먼저 닿아 가볍고 부드러운 최초의 인상을 제공합니다. 이들은 열에 의해 쉽게 증발하거나 산화에 의해 냄새가 변하기도 합니다. 신선한 느낌이 쉽게 사라지는 향들은 이들이 주인공인 경우가 많습니다.

페놀석탄산 물질은 6개의 탄소 원자가 고리로 연결된 환구조에 수산기-OH가 결합한 깃입니다. 이들도 엄청나게 다양한 페놀 화합물을 형성하는데 터펜계 물질이 허브와 향신료에 하나의 공통된 특징을 부여하는 물질이라면 페놀계 물질들은 차별적인 향을 부여합니다. 정향·계피·아니스·바닐라·타임·오레가노 등의 풍미를 결정하는 물질이 대표적입니다. 탄소 고리에 붙어 있는 수산기 덕분에 물에 조금 더 잘 녹고 음식과 입안에서 더 오래 남습니다.

마지막으로 지방에서 유래한 향기 물질은 우연한 부산물로 별로 유쾌하지 않은 경우가 많습니다. 예를 들어 잔디밭에 풀을 자르면 비린내가 나는데, 불포화지방이 산화해 나는 냄새입니다. 콩을 갈았을 때 나는 풋내와 같은 원리입니다. 향은 이처럼 우연의 산물인 경우도 많습니다.

장미향 이야기

인류의 역사가 시작된 이래, 세상 모든 꽃 가운데 가장 사랑받아온 것은 아마 장미일 것입니다. 로마인은 특히 신선한 장미꽃 잎을 좋아했습니다. 네로 황제는 향료를 바른 새가 집안을 날아다니게 했고, 장미 분수를 만들었으며, 호화로운 장미 목욕을 했습니다. 또한 황후의 장례식에는 아라비아에서 생산되는 향료의 10년치를 다 소비했다고 합니다.

호메로스의 《일리아스Ilias》에도 장미오일이 등장하고, 고대 미라에서도 장미 화관이 발견되고, 기원전 1,600년부터 장미가 크레타의 화병 장식에 사용되었다는 기록도 있습니다. 고대 그리스 철학자이자 식물학자인 테오프라스토스Theophrastos는 저서 《식물의 역사》에서 꽃잎이 여러 개 달린 장미를 묘사했고, 향수 제조법을 설명하면서 장미향은 그 점성 때문에 참기름에 가장 잘 흡수된다고 했습니다. 장미를 몹시 좋아한 페르시아 사람들은 장미를 증류하는 기술을 완성했고 사치와 향락에 빠져 침대 매트리스까지 장미 꽃잎으로 채웠습니다. 시바리스의 황제였던 엘라가발루스는 로즈와인과 압생트로 목욕을 했다고 합니다.

로마인의 장미 사랑은 집착에 가까웠습니다. 네로 황제의 장미 연회가 열릴 때에는 로즈워터 분수가 흥취를 돋우었고, 응접실의 천장에는 손님들에게 향수와 꽃잎을 흩뿌리는 회전식 원반이 설치되어 있었습니다. 손님들도 장미 화관을 쓰거나 목에 화환을 두르고 그 연회를 만끽했습니다. 로마 사람들이 장미를 너무 좋아하자 시인 호라티우스Flaccus Quintus Horatius는 농부들이 포도밭과 올리브 숲 농사를 게을리하지 않을까 염려했고, 플리니우스Gaius Plinius Caecilius Secundus는 장미 꽃잎과 향수를 음식에 뿌리는 로마 사람들의 퇴폐적인 모습에 대해 이야기했습니다.

장미는 고대의 마법과 주술에서도 중요한 역할을 했습니다. 그래서인지 초기 기독교인들은 장미와 그 고유의 화려한 속성을 경계했습니다. 로마의 쾌락주의를 연상시킨다고 생각했기 때문입니다. 그러나 장미는 천천히 쾌락주의의 상징에서 성모마리아의 상징물로 변했고, 많은 종교가 장미의 성스러운 이미지를 찬미했습니다. 성모 마리아는 때때로 신비로운 장미로 상징되었고, 묵주는 원래 말린 장미 꽃잎 100개를 줄에 꿰어 만들다가 이후 보석을 사용하게 되었습니다.

장미 중에서 대표적 품종이 다마스크 장미인데, 12세기까지는 스페인 그라나다 알함브라의 모굴 정원에서 재배되다가 십자군에 의해 처음 유럽에 소개되었습니다. 아랍 사람들은 장미 향수를 만들었고, 터키의 목욕탕에서는 로즈오일을 섞은 진흙비누가 사용되었습니다. 피렌체의 메디치 가문은 식물의 약효 성분에 대한 연구를 장려했고, 이탈리아 조향사들은 부유층과 상인 계급을 위해 향수 합성물의 생산을 늘려나갔습니다. 조향사들은 향신료 판매상이자 연금술사이기도 했고, 또 향수는 약재상에게서 구입할 수도 있었습니다. 치료에 사용되는 향수에는 수백 가지가 있었으며, 하나의 향수에 들어가는 원료들만 해도 60여 가지나 되었습니다.

1504년 베네치아 전역에 전염병이 창궐할 때 베네치아 사람들은 수십 가지의 향으로 만든 다마스크 향수에 사향과 영묘향을 섞어 치료제로 사용했습니다. 16세기에 이르러 의사와 성직자들이 전염병이 유행한다는 이유로 공중목욕탕을 폐쇄하라고 명령하자 향수로 몸의 냄새를 중화시켜야 했습니다. 18~19세기 런던의 공기는 매우 지저분해서 귀족들은 언제나 향이 묻은 손수건과 향료갑을 지니고 다녔습니다. 옷과 침구의 냄새를 없애고 집 안의 벌레들을 쫓는 데 모두 향이 사용되었습니다.

장미는 무려 1만여 가지 이상의 종으로 분류되며 그 향에도 미묘한 차이가 있습니다. 어떤 향도 서로 완전히 똑같을 수는 없습니다. 이 중에서 로즈오일 생산에 사용되는 대표적인 장미가 불가리안 로즈로도 알려진 다마스크장미입니다. 장미는 풍부하고 복잡한 향을 품고 있는데 그 모방할 수 없는 향은 약 400여 가지의 휘발성 구성 요소에 기인합니다. 1리터의 에센셜 로즈오일을 만드는 데 보통 장미꽃 5톤이 필요하지만 그 정확한 양은 꽃의 종류와 상태에 따라 달라집니다.

5월 말에서 6월 초의 이른 새벽이면 장미 들판에서 한바탕 소동이 벌어집니다. 여자와 아이들이 해가 뜨기 전 꽃잎을 따기 위해 정신없이 움직이는 것이죠. 보통 새벽 4~5시, 이슬이 아직 꽃잎을 적시고 있을 때 일이 시작됩니다. 꽃봉오리가 싱싱함을 유지하도록 장미는 매일 햇빛이 향을 승발시키기 전에 재빨리 거두어야 합니다. 햇빛이 향을 파괴하고 잎을 시들게 하기 때문입니다. 5월이 지나면 기온이 너무 높기 때문에 시기가 한정적일 수밖에 없습니다. 장미 재배는 매우 노동 집약적인 작업으로 능숙한 일꾼들도 한 시간에 6킬로그램 이상은 따지 못합니다. 그리고 싱싱한 상태의 꽃잎 100킬로그램으로 만들 수 있는 에센셜 오일은 겨우 10밀리리터 정도입니다. 장미오일과 앱솔루트가 비쌀 수밖에 없는 이유입니다.

향은 몇 종일까

세상에는 몇 종의 향이 있을까요? 사과 향, 딸기 향, 장미 향, 우유 향 등 이름으로 세어도 끝이 없습니다. 사과도 종류에 따라 향이 다르며 같은 사과도 숙성 정도에 따라 다르니 과연 향의 종류를 셀 수가 있을까요? 향조 타입으로 분류해도 어떤 사람은 3만 가지라고 하고, 어떤 사람은 수천 가지라고 하고, 어떤 사람은 10만 가지라고도 합니다. 대략 1만 개 정도라고 하지만 누가 실험으로 확인했거나 과학적 근거가 있는 것은 아닙니다.

1972년 크로커와 로이드 F. 헨더슨은 냄새를 분류하기 위해 객관적 방법을 찾고 있었습니다. 그들은 냄새가 각각의 4가지 기본 후각과 얼마나 비슷한지를 냄새의 강도에 따라서 0에서 8까지의 등급으로 평가하는 방법을 확립했습니다. 이 평가 시스템의 계산에 따르면, 이론적으로는 6,561가지 냄새를 구분할 수 있습니다.

계산은 완벽하지만 결과는 처음의 가설에 따라 크게 좌우됩니다. 만약 5가지 기본 감각과 0~10등급으로 평가했다면, 16만 1,051가지의 냄새를 맡을 수 있다는 계산이 나왔을 것입니다. 냄새는 결국 색과 같습니다. 우리는 고작 3가지 시각 수용체를 가지고 있습니다. 그러면 색의 종류는 3가지일까요? 전혀 아닙니다. 원색이 3가지라는 이야기이고 이 3가지 색을 혼합하면 무한한 종류의 색이 만들어집니다. 컴퓨터상에서 RGB 3가지 색을 256단계로 구분해 혼합하면 1,600만 종의 색이 만들어집니다.

향도 혼합해 섞이면 전혀 다르게 느껴집니다. 완전히 구분되는 향 물질을 섞으면 향이 따로따로 느껴지는 것이 아니라 전혀 다른 새로운 향으로 느껴집니다. 그래서 3가지 성분이 섞인 혼합물에서 하나라도 원래 물질을 식별할 수 있는 사람은 15퍼센트도 되지 않는다고 합니다. 조향사와 향료 전문가도 혼합물에서 3가지 이상은 식별하지 못합니다. 훈련하고 난이도가 쉽도록 조정해도 4가지가 한계입니다. 색의 수용체가 3가지여서 원색이

3가지입니다. 후각은 수용체 종류가 400개이므로 향은 원향만 400개라고 할 수 있습니다. 이 원향만 정확히 가질 수 있다면 인간이 느끼는 세상의 모든 맛을 창조할 수 있는 셈입니다.

그럼 세상에는 몇 종의 냄새가 있을까요? 원향만 400가지인데 이것의 조합으로 만들어지는 향의 종류는 매우 많습니다. 그래서 향의 종류는 '그냥 정하기 나름이다'라고 할 수 있습니다. 2014년 인간은 1조 개의 냄새를 구분할 수 있다는 주장이 나왔습니다. 최근 미국 록펠러대학교 신경유전학연구소 레슬리 보스홀 교수팀은 성인 집단을 대상으로 후각 능력 평가 시험을 진행한 결과, 사람은 그동안 받아들여져 온 학설보다 1억 배 더 많은 1조 가지 이상의 냄새를 구별할 수 있는 것으로 파악됐다고 발표했습니다.

연구팀은 다양한 냄새가 나는 분자 128개를 10개, 20개, 30개 단위로 섞어 혼합 샘플 3개를 만든 뒤 20~48세의 성인 26명을 대상으로 냄새를 맡도록 했습니다. 그 결과, 피실험자들은 샘플끼리 향기가 비슷해도 혼합 성분이 절반 이상 겹치지 않는 경우 차이를 쉽게 구별했고, 반대로 절반 이상 겹치면 구별에 어려움을 겪었습니다. 연구팀은 이를 토대로 경우의 수를 파악해 인간이 최소 1조 가지 이상의 냄새를 구분할 수 있다는 결론을 내렸습니다.

하지만 차이를 감지하는 것과 차이를 구별해 활용하는 것은 전혀 다른 현상입니다. 모든 강아지는 다르게 생겼습니다. 따라서 여러 강아지를 동시에 보여주면서 차이를 구분하라고 하면 그것은 가능합니다. 그런데 기억에 남는 강아지는 대부분 거기서 거기입니다. 나중에 차이를 말해보라고 하면 별로 말할 것이 없죠.

인간이 1조 가지가 넘는 냄새를 구분한다는 것은 그만큼 아주 미묘한 맛의 차이를 안다는 것입니다. 심지어 같은 회사, 같은 브랜드 제품도 맛의 차이를 구분합니다. 식품회사는 똑같은 배합표, 똑같은 원료, 똑같은 공정으로 생산하는데도 공장마다 맛이 약간씩 달라서 차이를 줄이려 애를 먹습니다. 물론 그 정도의 차이를 정확히 아는 소비자는 드뭅니다. 하지만 동시에 비교하면 차이가 있습니다. 차이는 그만큼 상대적이고 상황에 따라 달라지는 것이며 의미를 부여할 때만 의미가 있다는 뜻이기도 합니다.

향의
역할

식물이 향을 만드는 이유

콩과식물들의 뿌리는 플라보노이드를 분비하며 활성화한 유전자의 산물은 뿌리혹의 생장과 기능을 조절하는 유전자를 작동시킵니다. 질소고정 세균은 이러한 뿌리혹 속에 살면서 콩과식물과 서로 유익한 관계를 유지합니다. 식물의 80퍼센트 이상이 이 공생시스템에 의해 식물 성장에 가장 결정적 요소인 단백질 질소원, NO_3 자원을 확보합니다. 그리고 냄새로 곤충과 같은 화분 매개 생물을 불러 모읍니다.

밤에 꽃이 피는 식물들이 최상의 꽃가루 매개자 곤충들을 유혹하기 위해서는 꽃의 색이나 모양보다 휘발성 물질들이 더 좋은 신호일 것입니다. 침엽수를 밀어내고 꽃이 피는 식물이 세상을 지배하게 된 것에는 이 공생시스템이 결정적으로 작용했습니다. 꽃은 화분을 통해 유전자의 품질을 유지하거나 향상시키는 시스템이고, 과일은 씨앗을 멀리 퍼트리기 위한 유혹의 수단입니다. 세상은 꽃이 피는 식물이 지배합니다. 곤충은 이 꽃 저 꽃을 돌아다니며 꽃가루를 먹다가 다리에 붙은 꽃가루를 옮겨주는 역할을 합니다. 그동안 바람에 의존하며 꽃가루를 뿌리던 식물에게는 좀 더 확률이 높은 번식 방법이었습니다. 이로써 곤충과 식물 사이에는 커다란 공생 관계가 성립하고 식물들은 곤충을 유인하기 위해 더욱 화려해지고 꽃가루는 곤충의 다리에 잘 달라붙도록 더 촉촉해졌습니다.

심지어 담배식물은 벌을 유혹할 때 벤질아세톤이라는 향기 물질을 만들어내는데 유혹한 뒤 바로 니코틴 성분의 쓴맛을 만들어 벌을 쫓아내서 보다 많은 벌이 다녀가도록 제어합니다. 적의 적은 친구라는 경우는 식물에도 적용되어, 자신을 갉아먹는 곤충의 천적을 부르는 물질을 내보내는 식물도 있습니다.

지능적인 방어를 위한 수단

나무들은 스트레스를 받을 때, 생태학적 네트워크에 대해 증기 형태로 살리실산을 방출합니다. 이것은 식물 고유 방어체계의 신호 물질로 여러 가지 식물의 조직에서 동물이 싫어하는 물질과 소화되지 않은 물질을 연쇄적으로 만드는 과정을 촉발합니다. 그리고 이 물질은 인근 식물들에 의해 읽혀지고 재해석되어, 그들 자신의 방어를 조절할 수 있도록 도와줍니다. 식물은 이동하지 못합니다. 초식곤충과 초식동물에 대한 유일한 방어체계는 여러 가지 화학 물질을 만드는 방법뿐입니다. 고분자는 형태를 만들고 저분자는 방해 물질이 됩니다.

고추의 매운맛은 캡사이신이 결정하는데 캡사이신은 원래 고추가 동물로부터 자신을 지키기 위해 만든 화학무기입니다. 커피의 카페인도 원래 해충으로부터 자신을 보호하기 위한 살충제 성분입니다. 그럼에도 우리는 정말 좋아합니다. 자연에는 인간보다 커피를 더 좋아하는 벌레도 있습니다. 커피 열매 천공 벌레 coffee berry borer가 바로 그 주인공인데 다른 벌레는 카페인이 신경독으로 작동해 모두 피하는데 이들은 예외입니다.

커피 열매 천공 벌레는 커피콩을 자신의 식량원은 물론이고 거주 공간으로 활용합니다. 몸길이 0.7~2.2밀리미터에 불과한 작은 벌레여서 커피 콩 하나만 있으면 평생 걱정 없이 살 수 있습니다. 이 벌레의 놀라운 점은 성인 남성 한 명이 하루 500잔의 에스프레소 커피를 마시는 것과 같은 양의 카페인을 먹어도 멀쩡하다고 합니다. 그래서 이 벌레는 식량으로 커피콩을 먹는 거겠지요.

좀 더 지능적인 방어도 있습니다. 겨자와 같은 식물은 말벌을 고용해 청부살해를 하는 것으로 밝혀졌습니다. 2012년 네덜란드 바게니겐대학교 니나 파토로우 박사팀의 연구 결과에 따르면 흑겨자 식물은 자신에게 해충인 나비 애벌레를 두 가지 방식으로 방어하고 있었습니다. 우선 나비가 잎에 알을 낳으면 세포 조직을 괴사시켜 알이 제대로 부화하지 못하게 하는 것입니다.

그리고 다른 방식은 적의 적을 부르는 것입니다. 양배추나방이 흑겨자 잎에 알을 낳으면 흑겨자 잎은 기생일벌을 유혹하는 물질을 뿌려 '이곳에 먹이가 있음'을 알립니다. 그러면 기생일벌이 다가와 양배추나방의 알에 다시 알을 낳습니다. 흑겨자 입장에서 보면 기생일벌을 시켜 향후 자신을 공격할 애벌레가 태어나지 못하게 미리 죽이는 '청부살해'를 하는 셈입니다.

치열하게 살아남기 위한 공격의 수단

초식동물도 적이지만 식물 간에도 치열하게 경쟁이 이루어집니다. 피톤치드는 주위 식물의 성장을 방해하는 대표적인 물질입니다. 식물은 생존을 위해 잎줄기에서 나름대로 해로운 화학 물질을 분비합니다. 상쾌한 향기 덕분에 흔히 실내에서 많이 키우는 허브나 제라늄과 같은 풀들은 타감작용을 합니다. 평소에 가만히 두면 아무런 향이 나지 않지만 강한 바람이 불거나 인위적으로 슬쩍 건드리기만 해도 별안간 고약한 냄새를 풍깁니다. 감자 싹에 들어 있는 솔라닌의 독성이나 마늘의 항균성 물질인 알리신은 말할 것 없이 모두 제 몸을 보호하는 물질입니다. 어느 식물이든 자기방어 물질을 내지 않는 것이 없습니다. 사실 항생물질까지도 생성합니다. 그들도 살아남기 위해 별별 수단을 다 쓰는 것입니다.

삼림욕을 이야기할 때 말하는 '피톤치드Phytoncide'는 '식물'이라는 뜻의 '파이톤Phyton'과 '죽인다'라는 뜻의 '사이드cide'를 합쳐 만든 말로써 '식물이 분비하는 살균물질'이라는 뜻을 가집니다. 이 말은 1943년 러시아 태생의 미국 세균학자 왁스만Selman Abraham Waksman이 처음 만들었습니다. 피톤치드는 식물이 내는 항균성 물질의 총칭으로서 어느 한 물질을 가리키는 말은 아니며, 여기에는 터펜을 비롯한 페놀 화합물, 알칼로이드 성분, 배당체 등이 포함됩니다.

모든 식물은 항균성 물질을 가지고 있고, 따라서 어떤 형태로든 피톤치드를 함유하고 있습니다. 물론 우연의 산물이 많습니다. 식물은 디-터펜을 2개를 결합해 테트라-터펜을 만드는데 이것이 라이코펜이고 조금 변형되면 카로티노이드 물질이 됩니다.

160

카로티노이드는 엽록소와 함께 광합성에 참여하는 중요한 물질이고 이것이 분해되면 베타 다마세논과 같은 수많은 물질이 만들어집니다. 그리고 베타 다마세논은 술, 커피, 그리고 장미향에서 가장 중요한 향기 물질이기도 합니다. 그만큼 향은 우연한 부산물이 많다는 증거겠지요

더 이상 맛과 향을 느낄 수 없다면 어떻게 될까

만약 우리가 후각과 미각을 잃게 되어 음식의 맛을 모른다면 식욕을 잃어 잘 먹지 않게 될 것입니다. 인생에서 큰 삶의 활력을 잃게 되며 실제로 많은 노인이 이러한 문제를 지니고 살고 있습니다. 치매의 초기 증상은 후각의 상실과 함께 나타납니다.

후각의 소실은 단순히 삶의 활력 문제일 뿐만 아니라 화재나 독성가스, 상한 음식 등에 대한 주의를 하지 못하게 함으로써 건강과 생명에 위협이 될 수 있습니다. 미국의 경우는 매년 20만 명 이상의 환자가 후각의 문제로 의사를 찾고 있으며 실제로는 이보다 훨씬 많은 사람이 후각과 미각 이상으로 고통받고 있다고 합니다. 후각 상실이 가져오는 가장 큰 문제점은 상실감입니다. 익숙한 냄새들이 모두 사라지면 연결되지 않은 느낌, 고립된 상실감이 아주 커진다고 합니다.

후각을 잃은 사람에게 냄새를 잃어버린 후 가장 그리웠던 냄새가 무엇이냐고 물었더니 그는 이렇게 대답했습니다.

"사람 냄새요. 사람 냄새가 이렇게 그리울 줄은 몰랐어요. 내가 아는 한 여성은 더 이상 자기 아이들의 머리카락 냄새를 맡을 수 없게 되자 심한 우울증에 빠지기도 했어요. 난 무후각증이 내 인간관계에 이렇게 크게 영향을 미칠 줄은 몰랐습니다. 아주 친밀한 관계든, 얼굴만 아는 가벼운 관계든, 사람들을 만날 때 전보다 뭔가 허전한 느낌이에요. 무후각증이 시작되기 전에도 누구나 자신만의 냄새를 가지고 있다는 건 알고 있었어요. 화장품 냄새일 수도 있고, 본래부터 가지고 있는 체취일 수도 있겠죠. 그런데 냄새를 맡을 수 없게 되면, 그 사람이 옛날의 그라는 느낌이 안 들어요."

독일 드레스덴대학교 연구팀이 수행한 최신 연구 결과 후각이 둔한 사람은 비사회적이며 우울증에 빠지기 쉽다는 사실이 밝혀졌습니다. 연구팀은 32명의 성인에게 후각 장애 여부, 일상생활과 사회적 관계, 좋아하는 음식 등에 대해 묻는 방식으로 이 같은 결과를 얻었습니다. 이는 후각이 곧 다른 사람들에 대한 사회적 정보를 주는 것이며, 따라서 후각에 문제가 있으면 커뮤니케이션 채널이 닫힌다는 것을 의미한다고 연구팀은 설명했습니다. 그런데 연구 결과에 따르면 5명 중 한 명꼴로 후각에 문제가

있으며 5,000명 중 한 명꼴로 후각이 완전히 상실된 채 태어난
다고 합니다.

향에 대한
착각과
진실

향은 무엇으로 만들어졌을까

향신료는 그 자체로는 매력이 없습니다. 아주 소량 들어가 음식과 어울릴 때 비로소 가치를 드러냅니다. 향료 또한 마찬가지입니다. 개별 하나하나의 강렬한 특징은 있지만 끌릴 정도로 '좋은 냄새'라는 느낌은 그다지 들지 않습니다. 레몬, 오렌지 같은 상쾌한 과일향, 일부 꽃향기를 제외하면 결코 상쾌하지 않은데 잘 조합하면 정말 좋은 냄새가 되고는 합니다.

인돌indole이라는 정말 억울한 분자가 있습니다. 농도가 높으면 나쁜 냄새를 내지만 희석하면 백합, 튜베로즈 등의 향에 불가결한 성분이기 때문입니다. 향료는 향기로운 냄새 물질로만 만들지 않고, 향기로운 냄새 물질마저 원래는 향이 없는 물질로부터 만들어진 것입니다.

합성향이 강할까, 천연향이 강할까

매니큐어를 지우는 데 쓰이는 아세톤 냄새는 꽤 독한 편입니다. 하지만 우리가 먹는 음식 속 향기 성분은 이보다도 훨씬 강력합니다. 흔한 박하의 멘톨도 375배나 강하고, 부틸머캅탄은 5만 배나 강합니다. 함량보다 역치가 더 중요한 역할을 하는 것입니다. 역치의 차이가 심하다고 뭔가 특별한 힘을 가진 것은 아닙니다. 단지 G수용체와 결합력이 강한 것입니다. 분자 구조의 차이에 따라 향의 강도가 달라지지 합성이냐 천연이냐에 따라 달라지지 않습니다. 동일한 분자라면 오히려 천연이 광학이성체가 없어서 훨씬 강하게 느껴집니다.

우리가 흔히 합성향이 강하고 천연향이 약할 거라고 생각하는 이유는 무엇일까요? 합성은 대부분 순도가 90퍼센트가 넘는 것이고, 천연은 대부분 1퍼센트가 안 되는 것만 접하기 때문입니다.

고산지 커피는 왜 향이 더 좋을까

고추의 매운맛은 50퍼센트가 유전적 요소지만 나머지는 환경적 요소에 의해 결정된다고 합니다. 동일 품종이라도 지면에 가깝게 열리는 고추가 더 맵고, 수분 공급 부족 등 고추가 스트레스를 많이 받을 때에도 더 매워집니다. 허브 중에는 건드리면 향을 퍼뜨리는 것이 많습니다. 나무와 풀 중 상처가 나면 향을 내는 것도 많습니다. 월동을 한 노지 채소가 맛과 향이 진하고, 비료를 사용하지 않은 채소 역시 향이 진합니다. 좋은 와인도 척박한 토양에서 겨우 겨우 자란 포도로 만듭니다. 결국 부족함과 스트레스가 식물의 향 생산을 부추기는 것입니다.

영양과 날씨 등 조건이 좋으면 1차 대사산물인 탄수화물, 단백질, 지방의 합성이 왕성하지만 2차 대사산물은 상대적으로 적습니다. 곤충의 공격을 받으면 방어를 위해서, 추위가 오면 냉해에 견디기 위해 분자량이 적은 물질을 많이 축적합니다. 물에 분자량이 적은 물질이 많을수록 빙점강하가 일어나 쉽게 얼지 않기 때문입니다. 이들 저분자 물질은 맛과 향의 원천이기도 합니다.

그렇다고 무작정 저온이 유리한 것은 아닙니다. 식물의 대사는 효소에 달려 있는데 온도가 높아질수록 효소는 활발히 작동해 많은 대사산물이 만들어집니다. 결국 낮에는 온도가 높아 1차 대사산물을 많이 만들고, 밤에는 온도가 낮아 2차 대사산물을 많이 만듭니다. 고도가 높아 일교차가 큰 것이 식물에게는 스트레스가 심하겠지만 인간의 입맛에는 좋은 산물을 만드는 격입니다. 비교적 고산지대의 커피의 향이 진한 이유도 그 때문입니다. 향이 좋다고 영양 성분이 많은 것이 아니라 스트레스를 잘 견디어냈다는 훈장인 셈이죠.

향이 좋으면 건강에도 좋을까

아로마테라피라는 말, 많이 들어보셨을 겁니다. 스트레스가 심한 요즘 향으로 심신을 달래려는 사람들이 참 많습니다. 아로마테라피는 허브와 같은 자연식물이 내는 향기 성분을 이용해 육체나 정신을 건강하게 하는 방법입니다. 피로할 때 달콤하고 부드러운 향을 맡으면 왠지 모르게 피로가 풀린다든지, 기분이 나쁠 때 상쾌한 향의 차를 마시면 기분이 좋아진다든지 하는 것은 향기를 이용해 자기치유력을 높이는 대표적인 방법입니다.

널리 공인된 냄새의 힘은 대개 암시에서 비롯됩니다. 흔히 라벤더는 긴장을 풀어주고 네놀리는 흥분시킨다고 알려졌습니다. 그런데 똑같은 라벤더 향기를 가지고 긍정적인 정보로 라벤더에 '진정 효과가 있다'고 말하자 실제로 긴장이 풀렸고, 부정적인 정보로 라벤더에 '흥분 효과가 있다'고 말하자 대단히 빠르게 흥분했습니다. 네놀리에 대해서도 똑같은 반전 효과가 나타났죠. 단지 좋은 말을 슬쩍 흘렸을 뿐인데 아로마테라피의 긍정적인 플라시보 효과Placebo effect가 생긴 것입니다.

어릴 적 행복했던 순간에 각인된 향기를 다시 맡으면 쉽게 당시 즐거웠던 기분으로 돌아갈 수 있습니다. 이런 향기를 이용하면 정서적 안정을 가져다줘 대인관계와 사회생활에 도움이 됩니다. 플라시보 효과처럼 널리 효능이 있는 요법도 드뭅니다. 향기 요법은 냄새라는 물질이 구체적 방아쇠를 당겨 우리의 치유력을 일깨웁니다. 커피 향은 맡기만 해도 효과가 있습니다. 커피 맛과 카페인을 싫어하거나 건강을 우려해 마시기를 꺼려하는 사람은 입 대신 코로 커피를 마셔도 뇌가 활성화되고 스트레스가 완화됩니다.

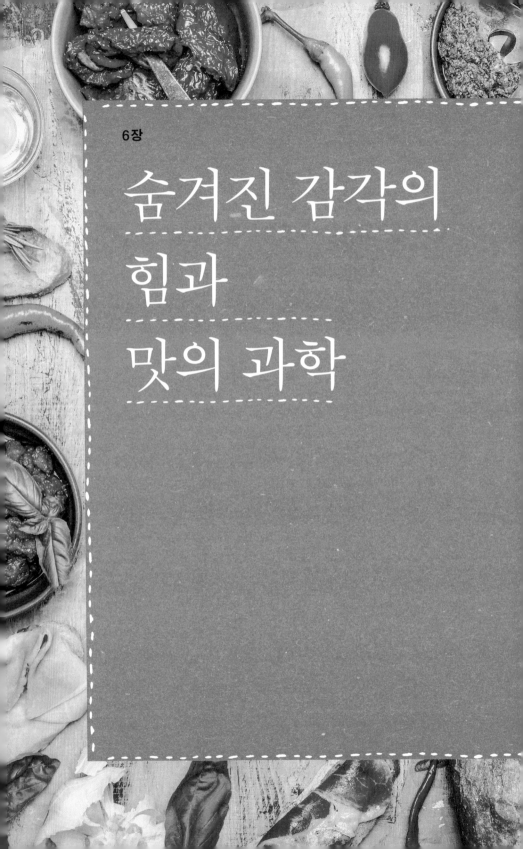

6장

숨겨진 감각의
힘과
맛의 과학

· 맛은 미각과 후각이 전부일까

· 왜 뷔페는 생각보다 별로일까

· 맛으로 몸을 속일 수 있을까

· 알수록 과학적인 맛의 세계

맛은
미각과 후각이
전부일까

물맛은 어떤 것일까

미각 중에 핵심인 단맛과 짠맛을 설명했고, 후각의 핵심인 향신료와 향을 설명했으니 나름 맛에 대한 설명은 어느 정도 이루어진 것일까요? 그랬으면 좋겠지만 맛에 대한 설명은 이제 시작에 불과합니다. 입과 코로 느끼는 성분이 맛이라고 하면 맛은 식품의 2퍼센트도 안 되는 분자의 현상이라고 해도 과언이 아닙니다. 그런데 왜 그리 맛에 대한 말들이 많을까요? 사실 맛은 세상에서 가장 복잡한 현상입니다.

가령, 물맛을 곰곰이 생각해보면 알 수 있습니다. 물은 이론적으로 무미, 무취입니다. 증류수에는 맛 성분과 향기 성분이 없으므로 우리는 물맛에 감동할 이유가 없습니다. 그런데 사람들은 물맛을 따지고 때로는 물맛에 감동합니다. 과연 어떤 물이 감동을 주는 물일까요? 물에는 무조건 유기물이 없고 소량의 미네랄을 포함한 것이 좋다고 합니다. 미네랄이 풍부하면 건강에 좋고 맛도 좋을 것 같지만 칼슘과 마그네슘은 쓴맛이고, 나트륨과 칼륨은 짠맛이며, 철과 구리는 매우 적은 양으로도 이취(금속취)를 냅니다. 따라서 미네랄이 지나치게 많으면 맛이 나빠집니다.

땅이 넓은 대륙의 물은 오랜 시간 지하에 체류해 미네랄이 많이 녹아 든 경수인데 비해, 우리나라는 산악 지형이라 물의 체류 시간이 짧아 미네랄이 적은 연수이고, 그래서 물맛이 좋다고도 하지요. 그런데 미네랄로 물맛의 몇 퍼센트나 설명할 수 있을까요? 아무도 그것으로 충분히 설명 가능하다고 생각하지 않을 것입니다. 물맛은 물 자체보다 내 몸이 결정하는 경우가 훨씬 많기 때문입니다. 타는 갈증에 시원한 물의 감동을 대신할 것은 세상 어디에도 없습니다.

물맛은 주변의 온갖 영향을 받습니다. 물을 마시기 전에 무엇을 먹었느냐에 따라 물맛이 다르게 느껴집니다. 신 음식을 먹은 후라면 살짝 단맛이 나고, 짠 음식을 먹은 후라면 미세하게 쓴맛이 느껴지기도 합니다. 물은 맛의 바탕이기도 하지만 물성의 바탕입니다. 탄수화물, 단백질은 물이 없으면 그냥 가루일 뿐이고 적정량의 물이 있을 때 비로소 물성이 만들어집니다. 그리고 모

6장. 숨겨진 감각의 힘과 맛의 과학

든 맛은 이 물성의 바탕에서 만들어진 것입니다.

우리는 물이 있어야 비로소 맛을 느낍니다. 채소는 95퍼센트, 과일은 90퍼센트가 물이고 고기 등 다른 식품도 80퍼센트 정도가 물입니다. 그래서 맛있게 먹을 수 있습니다. 가끔 비스킷, 스낵처럼 수분이 거의 없는 음식을 먹기도 하는데 그것은 입에서 침이 나오기 때문입니다. 적절한 양의 침이 나오지 않으면 맛을 느끼지 못하고 삼키기도 힘듭니다.

우리는 하루에 1리터 이상의 침을 마시고 있는데 그런 사실을 아는 사람은 별로 없습니다. 바삭바삭한 스낵을 물에 적셔 주면 그것을 맛있다고 먹는 사람이 얼마나 될까요? 스낵은 어차피 입에서 부서지고 침에 적셔져 부드러운 상태로 넘어갑니다. 미리 물에 적셔 먹으면 침을 만들 부담도 줄고 부드러워서 훨씬 좋지 않을까요? 맛 성분과 향기 성분은 그대로 있음에도 대부분 사람이 물에 젖은 스낵을 거부할 것입니다.

침에는 여러 성분이 들어 있어서 맛을 느껴야 정상입니다. 하지만 대부분 사람이 침을 무미라고 느낍니다. 그러면서도 맛에 대해 자신의 미각을 절대적으로 믿곤 합니다. 생각해봅시다. 우리가 매일 1리터씩 마시는 침을 깨끗한 유리컵에 뱉은 뒤 그것을 다시 마실 수 있을까요? 분명 나의 침이고 성분이나 맛에는 변화가 없는 것임에도 쉽지 않습니다. 자신의 미각이 절대적이라

환경의 영향을 받지 않는다는 믿음은 잘못된 것입니다.

몸은 물맛이나 타는 갈증을 도대체 무엇으로, 어떻게 느끼는 것일까요? 물 하나만 깊숙이 생각해도 우리가 맛에 대해 알고 있는 것이 별로 없다는 것을 금방 알 수 있습니다. 곤충은 물맛 수용체가 있어서 확실하게 물맛을 느낀다고 합니다. 초파리는 날개, 다리, 입 주변의 털을 통해 화학 물질의 맛을 보는데 여기에 물맛이 포함되어 있지요. 영국 버밍엄대학교의 패트리샤 디로렌조 박사팀는 쥐의 뇌간영역에서 오직 물에만 반응하는 뉴런들을 밝히기도 했습니다.

우리 몸은 65퍼센트 이상이 물입니다. 사람마다 40킬로그램 정도의 물을 항상 휴대하고 다니는 셈이죠. 그런데 2퍼센트만 물이 부족해도 타는 갈증을 느끼고, 5퍼센트가 부족하면 혼수상태가 되거나 사망합니다. 어떤 경우에나 물은 생명의 가장 기본적이자 가장 치명적인 요소이고, 숨겨진 맛이기도 합니다. 하지만 많은 사람이 물맛의 실체를 잘 모르고 있습니다.

갈아서 마시면 왜 맛의 즐거움이 덜할까

나는 맛에 관한 세미나를 할 때마다 이런 질문을 자주 합니다. "제가 여러분께 한 가지 이상적인 식사법을 소개하겠습니다.

하루에 먹을 음식을 좋은 재료와 최고의 요리법으로 정성껏 잘 준비합니다. 그리고 그것을 모두 믹서에 넣고 분쇄한 뒤 각자 맞는 용량의 컵에 따라 먹습니다. 모든 맛 성분은 그대로 있고 향기 성분도 그대로 있습니다. 영양 성분도 그대로 있고 모든 영양이 고르게 섞여 있으니 편식이나 영양 불균형은 전혀 걱정할 필요가 없습니다. 마시기만 하면 되니 매우 편리하고, 남은 음식을 냉장고에 보관하기 편하며, 음식물 쓰레기도 생기지 않습니다. 더구나 다이어트에 아주 좋습니다. 다이어트를 하는 사람들이 바나나 등을 갈아 먹는 건 잘 아시죠? 갈면 유화물 상태가 되므로 포만감도 거의 2배입니다. 여러분, 어떻습니까? 이런 이상적인 식사법을 알게 되었으니 모두 이 방법을 받아들이실 거죠?"

사람들은 침묵합니다. 그리고 얼굴을 한참 찌푸리다가 "씹는 맛이 없잖아요!" 하고 반론합니다. 그러면 "겔화제를 이용해 여러분이 원하는 물성으로 만들어 주겠습니다. 콩단백질로 가짜 고기도 만드는데 어떤 물성이 불가능할까요?" 또 침묵합니다.

분명 그런 식사법은 절대로 받아들일 수 없지만 왜 받아들이기 힘든지 설명하지 못합니다. 지금까지 정말 많은 사람에게 이 질문을 던졌지만 단 한 번도 시원스레 답하는 사람을 보지 못했습니다. 맛에 대해 말들은 많이 하지만 정작 맛의 실체는 제대로 탐구해보지 못한 것입니다.

왜 뷔페는
생각보다
별로일까

수많은 음식이 즐겁지 않은 이유

우리는 종종 짜장면을 먹을지 짬뽕을 먹을지, 물냉면을 먹을지 비빔냉면을 먹을지 고민합니다. 그래서 반반이 들어간 짬짜면이 화제가 되기도 했습니다. 그런데 그런 메뉴의 생명력은 생각보다 길지 않습니다. 왜일까요? 혹시 뷔페 좋아하시나요? 다양한 음식을 맛볼 수 있는 뷔페는 이런 선택의 걱정이 필요 없죠. 수많은 음식 중에서 자신의 취향에 맞추어 먹고 싶은 대로 마음껏 골라먹으면 됩니다. 그런데 미식가 중에 뷔페를 좋아하는 사람은 드뭅니다. 대부분 사람이 막상 뷔페에 가면 생각만큼 큰 즐거움을 누리지 못합니다. 왜 그럴까요?

앞서 이야기했던 이상적인 식사법에 대해 다시 생각해보면 이해가 쉽습니다. 믹서로 갈더라도 평소에 맛이라 생각했던 성분은 진혀 변하지 않습니다. 맛 성분, 향기 성분, 영양 성분은 그대로입니다. 고작 식감 정도가 사라지는 것뿐인데 그것 역시 다시 만들어줄 수도 있기에 아무 문제가 되지 않습니다. 그러면 우리가 놓친 진짜 맛은 무엇일까요? 바로 리듬입니다. 맛에 리듬이 대수인가 하겠지만 음악과 비교해보면 너무나 명확해집니다. 믹서로 가는 것은 평균화입니다. 뷔페 역시 마찬가지죠. 음식의 리듬이 사라지고 맛이 평균화가 되었기 때문에 생각보다 쾌감이 떨어지는 것입니다.

노래 한 곡을 분석해 '도'는 30번 나오고 '레'는 15번 나오고 '미'는 25번 나오니 간편하게 '도'를 연달아 30번, '레'를 연달아 15번 치는 식으로 연주하는 형태가 되는 것입니다. 믹서로 음식을 완전히 갈아버리는 것은 노래의 음 높이 전체를 평균하니 '파'에 해당한다고 '파'를 연달아 200번 치는 것과 같은 행위입니다. 음악에서 리듬이 사라지면 즐거움이 사라지듯 요리에도 리듬이 없으면 즐거움이 사라집니다. 요리에서 맛 성분과 향기 성분은 음악의 '도레미파솔라시' 또는 악기에 해당할 뿐이고 음악의 진정한 감동은 그것이 적절히 배열된 리듬에서 나온 것입니다. 우리는 그렇게 많이 음식을 먹고 맛에 대한 이야기를 하지만 맛의 실체는 성분보다 성분의 배열인 리듬에 있다는 것을 전혀 눈치채지 못한 것입니다.

나는 25년 이상 식품을 연구했지만 한 번도 맛은 성분보다 성분의 리듬이 중요하다는 말을 들어본 적이 없습니다. 모두 맛의 허상만 보고 있었던 것입니다. 맛이나 향기 성분 자체로 맛의 즐거움이 온다고 하는 것은 그림의 즐거움이 물감에서 오고, 음악의 즐거움이 악기에서 온다고 말하는 것과 같습니다. 물감이나 악기는 단지 재료일 뿐이고, 감동은 그 재료를 이용해 어떻게 표현하는가에 달려 있습니다.

맛은 알면 알수록 잘 즐길 수 있다

맛과 음악의 즐거움은 비슷합니다. 맛은 입과 코로 즐기는 음악이라는 것이 맛에 대한 가장 명쾌한 정의라고 할 정도로 공통점이 많습니다. 음악이나 미술은 내 몸에 직접 닿지 않고 느껴지는 감각이라 재료는 크게 따지지 않는데, 음식은 그 구성 성분의 일부가 혀의 미각 수용체에 직접 닿아 느끼는 감각이라 음악의 즐거움과 음식의 즐거움은 전혀 다른 것으로 이해합니다.

하지만 감각 수용체 이후의 단계는 정확히 같은 것이고 즐거움의 기작도 같은 방식입니다. 음악에서 긴장과 이완, 기대와 늘어짐, 각성과 해소, 강함과 약함 등이 적절히 배열되어야 즐겹듯이 음식도 이런 리듬이 적절히 배열되어야 즐거울 수 있습니다. 음악과 음식뿐 아니라 사실 모든 예술은 리듬을 가지고 있습니다.

똑같은 악기도 곡과 연주 수준에 따라, 음색에 따라, 노래를 부르는 사람과의 관계에 따라 감동이 다르듯이 음식도 마찬가지입니다. 같은 재료도 레시피와 요리사의 조리 수준에 따라, 분위기와 관계에 따라 감동이 완전히 달라집니다. 맛은 성분보다 리듬이 더 큰 역할을 하므로 감상자의 능력과 태도가 중요합니다.

그냥 듣기만 해도 좋은 음악이 있고, 알면 알수록 제대로 감동할 수 있는 음악이 있습니다. 요리도 그냥 먹어도 맛있는 것이 있고 알면 알수록 더 맛있는 요리가 있습니다. 우리는 맛에 대해 좀 더 알아야 하고 음악과 미술을 교육받는 것처럼 맛에 대해 제대로 배울 필요가 있습니다. '맛은 입과 코로 즐기는 음악이다'라고 되뇌면서 맛과 음악의 즐거움을 계속 비교해보세요. 생각보다 많은 공통점을 찾게 되고 맛에 대한 이해가 깊어질 것입니다.

맛으로
몸을
속일 수 있을까

수많은 다이어트 식품이 실패한 이유

맛은 입과 코에서만 느끼는 것이 아니고 내장기관과 온 몸의 세포로 느끼기 때문에 우리 몸을 오래 속일 수 없습니다. 여자가 임신을 하면 입맛이 급변하고, 남자가 군대에 가도 마찬가지입니다. 상황에 따라 몸에 필요한 것을 내 몸 스스로가 잘 챙기기 때문입니다. 그래서 정보가 부족했던 과거에도 몸의 이런 감각 덕분에 인간은 잘 살아남았습니다.

필요에 따라 몸의 감각이 변한다는 것은 한 서구인의 조난 사례에서도 드러납니다. 대양을 건너다 조난을 당했는데 다행히 낚시 도구가 있어서 생선을 잡아 허기를 채울 수 있었습니다. 처음에는 살코기만 먹었는데 시간이 지나자 자신의 관습에 반해 내장을 먹기 시작했습니다. 이유는 단순했습니다. 저절로 먹고 싶어졌기 때문이죠. 생선의 흰 살에는 미네랄이 거의 없기 때문에, 미네랄을 섭취하기 위해 몸이 내장을 먹으라는 명령을 내린 것입니다. 그는 관습을 어겼다는 이유로 처음에는 기분이 좋지 않았지만 나중에는 아주 맛있었다고 회고했습니다. 이런 사례에서 우리는 몸에 필요한 것을 더 섭취하게 하는 능력이 있음을 알 수 있습니다.

몸이 선택하고 맛을 느끼는 데 있어서 미각과 후각은 시작에 불과합니다. 그런데 식품회사들은 미각과 후각이 끝인 줄 알고 그것만 만족시키기 위해 노력합니다. 때문에 그렇게 많은 다이어트 제품들이 항상 실패한 것입니다. 몸은 입과 코로 느끼는 맛 못지않게 내장기관에서 느끼는 맛도 중시합니다. 그저 위산을 분비해 음식을 살균하고 잘게 부수는 역할을 한다고 생각하는 위stomach만 하더라도 우리가 생각하는 것보다 훨씬 많고 다양한 감각 수용체를 가지고 있습니다. 대표적인 것이 물성, 화학, 온도, 삼투압 수용체입니다.

위의 감각 수용체들은 시상하부와 감각연합 영역과 연결되어 있어서 자신이 먹은 음식의 성분에 대한 정보를 전달합니다. 내장에 존재하는 미각 수용체 숫자가 혀에 있는 미각 수용체보다 많다고 합니다. 탄수화물, 단백질, 지방뿐 아니라 음식물의 양,

삼투압, 음식물의 온도, 형태와 크기, 촉감을 감지합니다. 더욱 놀라운 것은 입은 겉보기 감각인데, 내장기관은 음식의 속사정까지 느낀다는 것입니다. 음식은 대부분 물과 탄수화물, 단백질, 지방인데 이들은 너무 큰 분자라 수용체로 감지하지 못하고 그중에 일부분인 당, 아미노산을 느낍니다.

하지만 내장기관에서는 상황이 전혀 다르죠. 위를 지나 소장에 도달하면 분해가 일어납니다. 탄수화물은 분해되어 포도당이 되고, 지방은 분해되어 지방산이 되고, 단백질은 분해되어 아미노산이 됩니다. 혀에서는 음식의 극히 일부분인 저분자 물질을 느끼지만 장에서는 분해된 각각의 성분을 총량까지 느낄 수 있는 것이죠. 이것이 모든 다이어트 제품이 실패하는 핵심적인 이유입니다. 다이어트 제품은 처음 한 번은 먹겠지만 두 번째에는 이미 몸이 진실을 알고 있습니다. 그것은 먹어봐야 영양분이 없다는 것을 알고, 몸이 무의식적으로 거부합니다.

사실 우리는 온 몸의 감각을 통해 무엇을 먹었는지 알고, 소화액을 분비하고, 음식을 기억합니다. 이때 무의식적 감각은 의식적 감각보다 더 중요합니다. 무의식은 평상시 자동 처리해 눈에 띄지 않을 뿐이죠. 다이어트 제품같이 겉보기와 달리 영양이 없는 음식이 오면 비로소 강력해지는 것이 무의식적 감각입니다. 기억은 흔히 뇌로만 한다고 생각하지만 몸도 합니다. 사물을 제대로 인식하지 못하는 아기 때 뭔가를 잘못 먹었다가 죽을 만큼 고통을 받았으면 커서도 그 음식은 먹지 못합니다. 본인은 왜 그런지 모르지만 몸은 그때의 고통을 기억하기 때문입니다.

내장에서 느끼는 감각은 시상하부 및 여러 호르몬과 연결되어 있습니다. 그래서 소화의 일련작용이 일어나고 포만감도 느끼는 것입니다. 혀에서는 어쩔 수 없이 음식의 극히 일부분인 유리 당과 유리 아미노산만 느끼지만 내장에서는 샅샅이 분해해 일일이 느낀다니 얼마나 현명한 감각 시스템인가요. 그런데 이런 정보를 굳이 의식 영역에 보내지 않고 뇌의 무의식적 영역으로 보내기에 우리는 몸이 그렇게 정교하게 느낀다는 것을 몰랐을 뿐입니다. 그래서 입맛만 속이면 될 것이라고 노상 헛꿈을 꾸었지요. 앞으로 다이어트 제품을 개발하려고 하면 내장의 무의식적 감각과 어떻게 조화를 이룰지를 생각해보는 것이 실패를 줄이는 가장 중요한 관건입니다.

입은 속여도 몸은 속이지 못한다

평소에는 입과 코로 맛을 느끼지만 급하면 온몸으로 느낀다는 것이 생쥐 실험으로 밝혀졌습니다. 2008년 학술지 〈뉴런〉은 흥미로운 실험 결과를 발표했습니다. 미국 듀크대학교 연구자들은 단맛 수용체 유전자가 고장 나서 단맛을 느끼지 못하는 생쥐를 대상으로 실험을 했습니다. 한쪽에는 그냥 물이 든 병을 두고 다른 쪽에는 설탕물이 든 병을 둔 뒤 관찰하면, 처음에는 두 병에 대한 선호도에 차이가 없다가 며칠이 지나면 설탕물을 더 많이 찾았다고 합니다. 물과 칼로리가 없는 수크랄로스sucralose 같은 단맛 물질이 든 물과 비교하면 며칠이 지나도 앞의 실험과 같은 선호도에 변화가 나타나지 않았다고 합니다. 단맛은 몰라도 진짜 칼로리에는 반응하는 것입니다. 칼로리영양가 필요하기에, 비록 단맛을 느끼지 못하지만 몸의 다른 기관을 통해 '느끼는' 것입니다.

정상적인 생쥐도 가짜 칼로리에는 속지 않는다고 합니다. 2012년 학술지 〈시냅스〉에 실린 미국 일리노이대학교의 연구 결과에 따르면 처음에는 설탕을 배합한 사료와 칼로리 없는 사카린을 배합한 사료의 선호도에 차이가 없었지만 며칠이 지나자 쥐들은 설탕이 들어 있는 사료를 선호했다고 합니다. 도파민 수치 또한 설탕이 들어 있는 사료를 먹었을 때 더 높았습니다. 사카린에는 약간 쓴맛이 나기에 그럴 것이라는 생각은 틀린 것입니다.

다른 연구자들은 초파리를 대상으로 교묘한 실험을 구상했습니다. 한쪽에는 단맛이 나지만 칼로리는 없는 아라비노스arab inose가 들어 있는 먹이를, 다른 쪽에는 단맛은 없지만 칼로리가 있는 소비톨sorbitol이 들어 있는 먹이를 준비한 것입니다. 그 결과, 초파리는 처음에는 아라비노스가 있는 먹이를 선호하지만 얼마 지나지 않아 소비톨이 들어 있는 먹이를 먹기 시작했습니다. 초파리마저 맛 대신에 영양칼로리을 선택한 것입니다. 이처럼 음식의 선호도는 맛이나 냄새 같은 감각 정보만으로는 부족하고 영양 정보도 있어야 합니다.

생쥐와 초파리마저 이처럼 칼로리를 감지하는데 사람에게 그런 기능이 없다고 하면 그것이 오히려 더 이상할 것입니다. 사람에게 동물실험과 같이 엄격한 조건에서 실험한 예는 없습니다. 하지만 그동안의 무수히 실패한 다이어트 제품을 통해 칼로리가 없는 인공감미료는 단기간은 소비자에게 '먹힐지' 모르지만 장기적으로는 외면받는다는 것이 명확해졌습니다. 그나마 '제로 칼로리'를 표방한 제품 중에는 다이어트 콜라 정도가 나름 입지를 구축하고 있습니다. 그러나 이런 효과는 설탕이 든 음료보다 더 많이 들어간 카페인에 의한 것으로 추정하기도 합니다. 설탕에 의한 도파민 분비량 감소를 카페인에 의한 도파민 분비 증가로 대신한 셈입니다.

음식 맛은 식품의 모든 성분이 관여하는 것이지 맛 물질과 향기 물질만 관여하는 것이 아닙니다. 내가 맛 성분, 향기 성분을 따로따로 말하고 따로따로 강조하는 것은 처음에는 별 차이가 없어도 좀 더 깊은 문제를 해결하려고 할 때 도움이 되기 때문입니다. 식품 전문가인지 아닌지는 식품 현상을 얼마나 세분화해 통제할 수 있는지 아닌지로 판가름이 납니다. 그런데 식품 전문가를 자처하는 사람 중 물성은커녕 미각의 역할과 후각의 역할도 제대로 구분하지 못하는 사람이 많아 아쉽습니다.

알수록
과학적인
맛의 세계

전자레인지를 사용하면 왜 맛이 없을까

전자레인지는 보통 100도 이하이므로 유해한 물질을 적게 생성합니다. 마이크로파가 제품 2~3센티미터 안으로 침투해 내부의 수분을 가열하지요. 일반적으로는 겉면부터 가열하기 때문에 겉면의 수분이 쉽게 증발합니다. 수분이 증발하고 나면 온도가 100도 이상 올라가기 시작합니다. 그런데 전자레인지는 속부터 가열시키므로 수분이 존재하는 한 품온이 100도 이상 올라가지 않습니다. 그래서 전자레인지는 160도 이상 품온이 올라가야 활발하게 일어나는 마일라드 반응이 없고, 우리가 좋아하는 로스팅 향도 생성하지 못합니다. 겉면은 바삭하고 속은 부드러워야 하는데 전자레인지로 가열하면 그런 것이 부족합니다. 결국 전자레인지는 데우는 목적에 아주 잘 맞는 가열 기구이지 만능은 아닌 셈입니다.

우리에게 익숙한 요리는 겉면을 고온으로 가열해 바삭하게 익히고, 마일라드 반응에 의해 황금색을 띄면서 고소한 로스팅 향이 풍성하게 생기는 것입니다. 또한 속에는 열이 많이 전달되지 않아 부드러운 상태이고요. 전자레인지는 마그네트론으로 발생시킨 엄청난 양의 마이크로파가 음식 내부에 직접 침투해 가열되므로 가장 빨리 온도를 올릴 수 있습니다. 요리 시간을 단축해주는 것은 장점이지만 가끔은 단점으로 작용하기도 합니다.

가령, 전자레인지로 요리한 고구마는 단맛이 적어 맛이 없습니다. 고구마 속에는 아밀라아제라는 당화효소가 있는데 50도 전후에서 활발하게 작용하면서 고구마의 전분을 달콤한 당으로 바꿉니다. 온도가 낮으면 효소가 잘 활동하지 못하고 너무 높으면 효소가 변성되어 활동이 중지됩니다. 고구마를 맛있게 익히려면 50도 전후의 온도를 얼마나 충분히 유지하느냐가 관건인 것입니다. 그런데 전자레인지는 너무 순식간에 이 온도 범위를 지나 가열됩니다. 전분이 충분히 당분으로 변하기 전에 효소가 파괴되는 것입니다. 고구마를 맛있게 익히려면 마이크로파의 출력을 낮추거나 자동으로 중간에 멈췄다가 가열되는 인버터 방식의 조리법이 필요합니다.

마블링이 좋은 고기는 왜 맛있을까

지방 자체는 맛이 없고 느끼하지만 가열하면 많은 향을 만듭니다. 모든 날고기는 피 특유의 냄새를 가지고 있어서 특징적인 고기의 향은 조리에 의해서만 발현됩니다. 고기 향 중에서 가장 인기가 있는 것은 소고기 향입니다. 따라서 소고기를 쓰지 않고도 소고기 향을 만드는 연구가 지금까지도 많이 이어지고 있습니다. 우지에 시스테인 같은 아미노산 류, 또는 단백질 가수분해물, 그리고 환원당을 사용한 소고기 향 제조법이 개발되어 있습니다. 당과 시스테인 같은 아미노산에 소기름이 있으면 소고기 향, 돼지기름이 있으면 돼지고기 향, 닭기름이 있으면 닭고기 향이 만들어지는 것입니다.

"옛날에 돼지기름으로 볶았을 때는 맛이 있었는데 지금은 왜 이래? 이건 짜장 맛이 아니야!", "예전 부침개는 맛이 있었는데 지금은 왜 맛이 없지?" 이런 실망의 원인은 바로 기름에 있습니다. 소기름우지, 돼지기름돈지에 튀기면 맛있던 튀김이 식물성 유지에 튀기면 맛이 없는 이유는 무엇일까요? 소고기 향과 돼지고기의 향을 있게 한 주인공인 지방이 바뀌었기 때문입니다.

어떤 식재료든 포도당 같은 당과 시스테인황 함유 아미노산이 있는데 이것이 소기름을 만나 소고기 향, 돼지기름을 만나 돼지고기 향이 만들어집니다. 그런데 여기에 식물성 기름을 쓰자 이 향이 발생하지 않은 것입니다. 채소를 소기름에 튀기면 은근한 소고기 향이 나 맛있는데 건강 전도사들이 동물성 기름이 나쁘다고 해 모두 식물성 기름으로 바꾸자 향이 생기지 않아 맛이 떨어진 것입니다. 그리고 요즘은 동물성 기름에 대한 오해가 속속히 밝혀지고 있습니다.

기름은 향을 유지하는 능력이 아주 큽니다. 향기 성분이 기름에 잘 녹기 때문이죠. 그래서 가열 중에 발생한 향이 기름에 포집되어 풍부한 향을 즐길 수 있습니다. 그래서 삼겹살이나 마블링이 좋은 고기가 항상 맛있는 것입니다. 더구나 가열로 인한 풍부한 향은 겉에만 살짝 입힌 향에 비해 깊은 맛을 줍니다. 탄수화물은 단맛으로 단백질은 감칠맛으로 흔적이 드러나는 데 비해 지방은 좀 더 은밀합니다. 지방 자체는 무미이고 향도 없지만 물성과 맛, 향에 지대한 영향을 줍니다.

지방에 녹은 향은 방출이 완만하고 느려집니다. 완만해지므로 튀는 것이 없이 조화롭게 부드러워지며 느려지니 약해집니다. 하지만 향의 양이 많다면 강하지 않고 풍부한 느낌을 줍니다. 지방이 사용된 제품에서 지방을 빼면 향의 느낌이 완전히 달라지는 이유입니다. 무지방 제품은 통상의 지방이 함유된 제품과 전혀 다른 향의 발현 형태를 가지므로 이것에 대한 고려가 필요합니다. 에스프레소였을 때의 풍미가 아메리카노로 희석하면 확

사라지는 이유도 그것입니다. 이처럼 지방은 생각보다 여러 가지 측면에서 요리의 풍미에 영향을 줍니다.

뭐든 튀기면 맛있는 이유

맛은 정말 다양한 제각각의 현상이라 공통점을 찾기 쉽지 않습니다. 하지만 누구나 동의할 만한 공통점이 하나 있습니다. 바로 '뭐든 튀기면 맛있다'는 것입니다. 왜 튀기면 맛있어지는 것일까요? 그 비밀은 기름이 가지고 있습니다. 물은 100도에서 끓지만 기름은 200도에서도 끓지 않습니다. 음식에 고소한 향과 먹음직스러운 색을 내는 마이야르 반응은 160도 이상에서 왕성하게 일어나지요. 소기름을 사용하면 소고기를 넣지 않고도 튀김 재료가 가진 아미노산, 그리고 당분과 반응해 소고기 향을 만들 수 있습니다.

더구나 기름은 향을 유지하는 능력이 아주 커서 마이야르 반응으로 만들어진 향은 기름 속 가득 스며들어 있습니다. 게다가 먹을 때 입안 가득 차니 맛있을 수밖에요. 마블링이 좋은 고기가 맛있는 것은 너무나 당연한 일입니다. 삼겹살은 기름이 많아 사실 구워지기보다는 튀겨지는 셈이니 맛이 더 좋습니다. 제품의 수분은 빠져나가고 그 자리를 기름이 채우기 때문입니다. 사실

맛은 칼로리에 비례하는데, 사람들이 좋아하는 칼로리 밀도는 5입니다. 탄수화물 단백질이 4이고 지방이 9이니, 지방이 든 음식이 그토록 맛있는 것이고, 다이어트가 힘든 진짜 이유도 바로 그것입니다.

세상의 음식은 맛만큼이나 물성 또한 제각각입니다. 그렇게 다양한 물성 중에서 모든 사람이 좋아하는 물성은 어떤 것일까요? 나름 가장 공통적인 것이 약간 딱딱하되 사르르 녹거나 바삭바삭 쉽게 부서지는 물성입니다. 녹을 때 일어나는 쾌감은 엄청나지요. 부드러운 것은 좋지만 흐물흐물하거나 맹물인 것은 싫고, 탱탱한 것은 좋지만 딱딱한 것은 싫어하는 욕망은 아마 오랜 진화의 역사에서 비롯된 것입니다.

예전에는 먹을 것이 정말 귀했고 액체인 것은 영양이 없었습니다. 딱딱한 건더기 물체가 뭔가 영양분이 있었는데 씹어도 계속 딱딱한 것은 소화 흡수가 되지 않는 것이므로 뱉어버리는 것이 현명했습니다. 반면, 잘 부서지거나 녹는 것은 몸에 잘 흡수되는 음식이었습니다. 그래서 약간 딱딱하지만 입에서 사르르 잘 녹는 음식은 항상 사랑을 받았습니다. 그리고 사실 녹아야 맛도 느끼고 향도 느낄 수 있습니다. 아이스크림이 대표적인 예입니다. 초콜릿의 매력도 맛 자체보다는 사르르 녹는 물성에 있습니다. 코코아버터가 상온에서는 딱딱하지만 32~34도 범위에서 깔끔하게 녹는 특성이 있습니다. 워낙 다른 기름에 비해 순식간에 녹아서 청량감마저 줄 정도입니다. 세상에 코코아버터처럼 녹는 기름은 없습니다.

튀김은 바삭바삭 부서지는 것이 매력입니다. 청각은 다른 감각에 비해 맛에 대한 영향력이 상대적으로 적은 편이지만 스낵 제품에는 상당한 영향을 미칩니다. 가령, 감자 칩을 떠올려봅시다. 맛도 맛이지만 그보다 소리가 참 중요합니다. 감자 칩을 먹을 때 나는 소리를 녹음한 후 눈을 가리고 똑같은 상태의 감자 칩을 주면서 귀에 들리는 소리를 다르게 하자 맛에 대한 평가가 완전히 달랐다고 합니다. 같은 제품도 소리가 좋아야 더 맛있게 느껴지는 것입니다.

우리가 바삭거리는 음식을 좋아하는 이유를 두고, 포유류 시절 곤충을 먹던 습관에서 기인한 것 같다는 분석도 있고 파괴 본능 때문이라는 분석도 있습니다. 예로부터 인간은 곤충을 소중한 식량자원으로 여겼습니다. 아주 멀지 않는 과거에는 물론이고, 식량이 부족한 오지에서는 아직도 곤충을 꽤 잡아먹습니다. 멕시코 선사시대의 유적에서 소화성 잔류물을 분석한 결과 메뚜기, 개미, 흰개미 등을 상당히 먹었던 것으로 밝혀지기도 했습니다. 고대 유럽에서도 여러 가지 곤충은 진미로 간주되었고, 오늘날 일부 국가는 여전히 식품으로 애용하고 있습니다. 사실 미래에 식량자원이 고갈되면 가장 유력한 대체 식량자원이 곤충이기도 한데, 곤충은 겉이 단단하고 속은 부드럽고 씹으면 바삭거리면서 파괴됩니다.

그런데 왜 튀김은 유난히 바삭할까요? 조직에 점성과 탄성을 부여하던 수분이 감소한 덕분입니다. 수분이 무슨 그런 역할을 할까 생각되겠지만 수분이 없는 분말치고 탱탱하거나 끈적이는 것이 없습니다. 보통의 아이스크림을 바닥에 떨어트리면 그냥 살짝 찌그러지는 정도입니다. 그런데 영하 180도 액체질소에 충분히 담가두어 내부의 수분을 완전히 얼린 것을 수분이 완전히 건조한 것과 마찬가지 상태가 됩니다 바닥에 떨어뜨리면 유리가 깨어질 때처럼 산산이 부서집니다.

수분은 이처럼 점성을 부여하는 역할을 하는데 튀김은 수분을 적당히 제거해 바삭거림을 만듭니다. 물론 뛰어난 품질의 튀김을 만들기 위해서는 밀가루의 선택에서 반죽의 방식, 튀김옷을 입히는 방법, 튀기는 온도와 시간 등의 수많은 조건을 맞추어야 하지만 궁극적으로는 제품에 수분과 기름을 어떻게 분포시키느냐의 기술입니다.

예전에는 닭으로 만든 요리 하면 백숙이었는데 요즘은 프라이드치킨이 압도적입니다. 프라이드치킨이 인기인 이유는 튀김이 맛있는 이유와 같습니다. 감자 칩도 그렇고 사실 부침개의 기본 원리도 그렇지요. 그러고 보면 튀기는 것은 가장 강력한 맛을 내는, 세상에서 가장 쉬운 기술입니다. 그 배경에는 이처럼 다양한 감각적, 기술적, 진화적 배경이 숨겨져 있습니다.

라면에 대한 오해는 이제 그만

우리에게 라면은 무엇일까요? 라면은 간편하게 한 끼를 해결하기 위한 신통방통한 수단으로 꽤 훌륭하게 역할을 수행하고 있습니다. 가스 불을 켜고 물을 끓인 뒤 봉지를 뜯어 라면과 스프를 넣을 줄만 알면 식사를 해결할 요리를 완성할 수 있다니, 얼마나 편리하고 똑똑한 음식인가요! 쌀을 씻어서 밥을 짓고 국이나 찌개를 끓이고 몇 가지 찬을 만들어내는 밥상과 비교하기 힘든 간편성이 있습니다. 요리의 경력과 무관하게 맛있게 만들 수 있다는 점에서 라면은 참 평등한 음식입니다.

라면은 우리의 절친한 벗이며 삶의 한 지점에서 강렬한 추억을 나눠 가진 동지이자 갈등을 유발하는 유혹자입니다. 느닷없이 다가온 라면의 충동에 넘어가 한밤중에 라면을 후루룩 먹어본 추억이 없다면 그 또한 재미없는 인생이겠지요. 공장에서 만들어 아무 차이가 없는 라면이지만 시간, 장소, 같이한 사람에 따라 맛은 완전히 달라집니다. 이 세 가지가 적절하게 조화되면 최상의 맛을 느낄 수 있죠. 시간은 당연히 출출함, 적당한 허기를 가질 때죠. 허기는 항상 최고의 반찬입니다. 장소는 좀 색다르면 좋습니다. 익숙한 라면도 색다른 장소라면 특별한 감동이 됩니다. 일상에서 벗어난 특별한 장소라면 항상 맛은 더 자극적이고 오래 기억에 남죠. 해외여행을 가면서 꼭 라면을 챙기는 이유가 바로 그것이고, 한국인이 우주식을 개발할 때 라면이 빠지지 않는 이유도 그 때문입니다.

모든 음식과 마찬가지로 라면 역시 누구와 먹느냐가 맛을 완전히 다르게 합니다. 어떤 음식이건 혼자 먹는 것보다 같이 먹는 것, 좋아하는 사람과 먹는 것이 더 맛있게 느껴지겠지만 라면이라는 음식은 특히 그렇습니다. 좋은 친구들과 새로운 장소에 놀러 가서 출출할 때 먹은 라면은 다른 어떤 음식에 비할 바가 없지요. 라면은 이제 고향의 맛이자 전 국민의 소울 푸드일지도 모릅니다. 라면이 싸고 간편해서 좋아한다는 것은 터무니없는 생각입니다. 수만 번의 실험을 통해 최고의 맛 조합을 찾아냈기 때문에 가능한 일입니다.

라면이 담백한 맛이냐, 된장 맛이냐, 아니면 돼지 뼈 맛이냐는 스프에 의해 결정됩니다. 그래서 일반 소비자들은 라면 스프가 고소한 간장이나 미림, 또

는 돼지 뼈 국물 등을 졸여 만든 진국이라고 무의
식적으로 생각합니다. 그러나 유감스럽게도 라면
스프에는 그런 재료가 거의 들어가지 않습니다. 상
식적으로 생각하더라도 자연식품을 이용해 만든
스프치고는 값이 너무 싸다는 느낌이 들 것입니다.
스프는 백색가루, 즉 첨가물을 조합해 만듭니다. 가
공식품의 맛은 같은 물질들로 이루어집니다. 식염,
화학조미료, 단백가수분해물, 이름 하여 가공식품
의 '황금 트리오'입니다. 이 세 가지를 맛의 근본 물
질이라고 정의할 수 있습니다. 여기에 풍미 강화
소재인 농축물이나 향료 등만 넣으면 뭐든지 원하
는 맛을 만족스럽게 만들 수 있습니다.

　_아베 쓰카사,《인간이 만든 위대한 속임수 식품첨가물》중

　라면을 폄하는 이런 식의 글은 아주 흔합니다. 화학조미료라
고 말하는 MSG는 완벽하게 천연 아미노산인 글루탐산과 우리
몸에 가장 많이 필요로 한 미네랄 나트륨의 조합입니다. 실제 라
면 스프의 표시 사항을 확인하면 전부 식품이지 첨가물은 거의
없습니다. 간장분말, 소고기맛베이스, 조미소고기분말, 조미효모
분말, 돈골조미분말, 발효표고조미분, 표고버섯분말, 건표고버

섯, 건당근, 마늘발효조미분, 양파풍미분, 건파, 마늘분말, 생강추출분말, 홍고추분말, 후추가루, 흑후추분말, 후추분말, 건고추 등입니다.

사람들은 결국 맛의 기본을 몰라서 라면을 오해하곤 합니다. 10그램의 건조스프가 적은 양으로 보이지만 채소는 95퍼센트가 물입니다. 채소로 치면 200그램에 해당하는 양입니다. 상온에 유통하기 위해 모두 말리고 분말화해 형태가 보이지 않아서 생소해 보일 뿐, 알고 보면 우리에게 익숙한 재료들입니다.

맛의 차이는 향의 차이일 뿐이고, 향의 차이는 사소한 양의 분자 차이입니다. 라면 스프 10그램이 온갖 맛 성분의 총합이라는 것만 알아도 그렇게 심한 편견은 갖지 않을 것입니다. 면의 기술, 프라잉의 기술, 가성비의 기술 등 가공식품에 숨겨진 노력이 얼마나 집요하고 처절한지를 이해하면 라면에 얼마나 정성이 많이 들어갔는지 알 수 있습니다. 이것만 알아도 라면이 마치 온갖 첨가물로 맛을 내는 것으로 오해하고 불안해하는 일은 없겠죠.

라면 좀 먹는다 하는 사람들은 어떤 브랜드의 라면을 섞어야 맛있는지, 어떤 재료를 넣으면 좋은지 알고 있습니다. 라면은 배타적인 음식이 아닙니다. 다양한 재료를 섞으면 새로운 맛을 낼 뿐더러 다른 브랜드의 라면과 함께 어우러지면서 시너지 효과를 내기도 합니다. 라면은 이렇듯 열린 음식이며 친화적인 음식입니다. 조리시간이 짧아서 본연의 맛은 잃지 않으면서 다른 식재료의 맛도 살려주니 훌륭한 음식이 아닐 수 없습니다.

영양학적으로 가장 우수한 것이 달걀과 우유지만 가장 흔한 알레르기 원인 물질입니다. 그리고 앞에서 내가 온갖 좋은 재료를 가지고 정성껏 만든 요리를 믹서에 갈아주면 아무도 먹지 않을 거라 말했는데, 라면의 영양을 따지는 사람은 그런 음식을 먹어야 합니다. 그게 가장 영양균형이 좋은 식품이기 때문입니다.

모든 식품은 각자의 특성이 있어서 의미가 있습니다. 특성을 살리는 대신에 결점을 찾아내고 그것을 모두 보완하려면 세상은 한 가지 음식으로 통일되고 말 것입니다. 그리고 그것은 마치 생존을 위해 먹는 사료와 같습니다. 라면에 대해서는 유난히 재미없고 의미 없는 편견이 많습니다. 단지 너무나 대중적이라는 이유 하나 만으로요.

감각, 착각,
환각
그리고 지각

- 감각의 비밀
- 지각의 비밀
- 달라지는 맛, 달라지는 향
- 절대 감각과 상대적 감각

감각의
비밀

밥 배 따로, 간식 배 따로

이런 말 많이 들어보셨을 겁니다. "나는 밥 배 따로, 간식 배 따로 있어!" 주로 남자보다는 여자들이 많이 하는 말입니다. 분명 배가 불러서 더는 음식이 들어갈 자리가 없는데 디저트를 먹어야겠다는 생각을 하자마자 아이스크림 하나를 순식간에 해치웁니다. 눈앞에 먹을 게 있으면 어떻게든 먹게 되는 경험, 누구나 한 번은 해보셨을 테고요. 그 비밀은 바로 식욕을 관장하는 물질인 오렉신orexin에 있습니다.

2002년 일본 기오대학교 건강과학부 야아모토 다카시 교수팀의 연구에 따르면, 단것을 아주 좋아하는 사람은 달콤한 디저트를 보기만 해도 뇌의 시상하부에서 오렉신이라는 물질이 분비된다고 합니다. 이 오렉신을 쥐의 뇌에 투입하면 몇 분 뒤 위에서 십이지장에 가까운 부분이 오그라들고, 식도에 가까운 부분이 느슨해진다고 합니다. 즉, 위 안의 음식물을 십이지장 쪽으로 보내고 위의 입구 근육을 느슨하게 해, 음식물이 들어올 공간을 만드는 것입니다. 오렉신이 디저트 배와 술 배의 주범인 것입니다.

일벌들이 여왕벌에 복종하는 이유

개미나 벌과 같은 사회적 곤충의 세계에서 일꾼은 여왕의 모든 욕구를 충족시키면서 평생을 살아갑니다. 심지어 성생활까지 포기하면서 말입니다. 수많은 암컷 중에서 여왕에게만 생식이 허용되는 이유는 무엇일까요? 그 비밀은 바로 페로몬에 있습니다. 페로몬은 여왕이 생성하는 화학신호로, 일꾼들은 이 신호에 이끌려 여왕의 명령에 절대복종하게 됩니다. 그런데 실제 분비하는 양은 시간당 1/10억 그램 정도의 매우 적은 양입니다. 하지만 이것도 숫자로는 엄청납니다. 너무나 작은 크기의 분자 현상이기 때문이죠. 페로몬은 단순한 수학적 문제이고 약속의 문제입니다.

누에나방의 암컷은 성 유도 물질인 봄비콜bombykol을 분비하는데, 이 물질은 지방산을 약간 특이한 형태로 변형시킨 것일 뿐

분자 자체에는 아무 의미가 없습니다. 이것은 공기 중에 낮은 농도로 희석되어 멀리 퍼지면 수컷의 촉각에 특별히 봄비콜에 반응하도록 만들어진 약 4,000개나 되는 후각 수용체에 다다릅니다. 그러면 수컷은 유전자로 인한 숙명에 의해 오로지 그 물질의 농도가 높은 곳을 향해 돌진할 뿐입니다. 물질이 특이한 것이 아닙니다. 어느 한 종種의 개체가 발산한 페로몬은 오직 같은 종의 상대방만이 감지할 수 있다는 특별한 약속과, 그 약속이 도저히 뿌리칠 수 없는 강력한 쾌감물질을 분비한다는 사실만이 존재할 뿐입니다.

감각의 비밀

2004년 노벨상 선정위원회는 인간이 냄새를 어떻게 감지하는지를 밝혀낸 공로로 미국의 리처드 액설 교수와 린다 벅 박사를 노벨의학상 공동수상자로 발표했습니다. 위원회는 "이들의 연구로 인간의 감각 중 가장 오랫동안 수수께끼로 남아 있던 후각의 비밀이 밝혀졌다"라고 선정 이유를 밝혔습니다. 기존의 연구로 후각세포와 후각경로 등 후각의 기본 기작은 어느 정도 알고 있었지만 후각세포가 어떻게 수만 가지 다양한 냄새 분자를 구분할 수 있는지 알 수 없었는데, 그들이 1991년 인간과 동물의 코

점막에 있는 수백 가지 다양한 후각 수용체가 있어서 이것을 통해 다양한 향기 성분을 구분할 수 있다는 것을 알아낸 것입니다.

어찌 보면 당연해 보이지만, 시각은 고작 3개의 수용체로 수만 가지 색을 구분하고 있는데 시각보다 훨씬 중요성이 떨어져 보이는 후각을 위해 수백 개의 수용체가 동원된다는 것은 그 분야의 전문가들도 믿기 힘든 사실이었습니다. 인간 유전자 숫자는 2만 3,000개 정도에 불과한데 후각 하나에 수백 개를 사용한다는 것은 너무나 많은 숫자이기 때문이죠.

후각 수용체는 구체적으로 GPCRG-protein coupled receptor, 이하 G수용체이라고 하며 인간에게 지금까지 밝혀진 G수용체는 약 800종입니다. 이 중 400종이 후각을 담당하고, 나머지 400여 종이 호르몬 등 우리 몸에 필요한 온갖 신호 물질을 감지하는 데 사용됩니다. 5가지 맛의 수용체 종류를 모두 합해도 30개에 불과한 것에 비해서도 정말 많은 숫자이고, 우리 몸의 상태를 조절하는 호르몬이 각기 한두 개의 수용체 종류만 가진 것에 비교하면 정말 많은 숫자입니다.

G수용체 체계는 사실 놀랍도록 효율적인 구조입니다. 우리가 자물쇠를 만들 때 기본 모양을 그대로 유지하면서 열쇠와 열쇠 구멍의 모양만 약간씩 바꾸는 것처럼 우리 몸의 감각 수용체도 기본 골격과 신호전달 시스템은 그대로 유지하면서 센서 부분의

형태만 살짝 바꾸어 다양한 물질을 감지합니다. 즉, 800종의 G 수용체는 기본 형태는 모두 같지만 구성하는 아미노산의 종류에 따라 신호 물질과 결합하는 센서단백질의 입체적인 모양만 살짝 바뀝니다. 열쇠 구멍의 형태만 달라지는 것입니다.

G수용체는 자물쇠와 열쇠의 관계처럼 적합한 형태의 분자가 다가오면 결합해 찰칵하고 작동합니다. 감각세포의 세포막에서 계속 흔들거리다가 모양이 일치하는 분자열쇠가 오면 결합해 ON 상태로 바뀌는 것입니다. 이때 전기적 신호가 발생해 신경세포를 통해 최종적으로는 뇌의 감각 연합 영역까지 전달됩니다.

감각 수용체가 입에 있으면 미각, 코에 있으면 후각, 눈에 있으면 시각의 기능을 하는데 특별한 차이가 있는 것은 아닙니다. 감각세포가 전달하는 것은 전기적 펄스이지 구체적인 맛이나 향기 물질은 아닙니다. 결국 단맛이 나는 물질이나 쓴맛이 나는 물질이 있는 것이 아니고 우리가 감각하고 싶은 분자의 모양에 적합한 수용체를 만들어 그 물질이 존재하면 전기 신호를 뇌에 전달하는 것입니다. 전달된 신호는 뇌의 후각영역에 향기 물질 별로 각기 다른 패턴의 지도를 그립니다. 냄새 성분별로 각각 뇌의 다른 부위에 다른 형태의 그림을 그립니다. 여러 성분이 혼합된 경우 그림이 좀 더 복잡해지는 것이죠.

공감각은 왜 일어날까

인간의 5가지 감각 중에서 2가지 이상을 동시에 감지하는 현상인 '공감각'은 서로 인접한 뇌의 독립적인 감각영역이 교차하기 때문에 생겨납니다. 독립된 각각의 감각영역이 여러 단계로 연결되면서 다양한 부위를 지나가기 때문에 교차 연결될 가능성이 있습니다. 자궁에서 태아의 뇌가 형성될 때 영역 간 신경연결 과정에서 '가지치기'가 제대로 이루어지지 않을 때 의도하지 않았던 공감각 현상이 나타나며 2,000명 중 한 명꼴로 공감각을 가진다고 합니다.

어떤 사람은 음악을 들을 때 색깔을 보고 글자를 보면서 맛을 느끼기도 합니다. 모든 감각이 독립적으로 정확히 작용할 것이라는 기대를 저버리는 현상이지만, 예술가의 경우 이런 증상이 창조의 바탕으로 쓰일 수 있습니다. 이런 공감각이 예술가들 사이에 8배나 많이 나타나고 있는 것은 우연이 아닙니다. 그런데 사실 이런 공감각은 모든 사람에게 공통으로 있는 현상입니다. 단지 그 정도의 차이만 있을 뿐이죠.

맛은 안와전두피질에서 후각, 미각, 청각, 시각이 합쳐진 공감각적인 현상입니다. 가장 다중감각적인 현상이죠. 뇌는 모든 감각의 직간접적인 영향의 결과로 음식물의 맛을 판단합니다. 안와전두피질은 맛과 향에 의해 동시에 자극받는 신경세포가 흔합니다. 맛에 촉감이 연결되어 단맛은 동일한 액체라도 점도가 더 높은 것으로 느끼게 하고 신맛은 짐도가 낮은 것으로 느끼게 합니다. 맛은 가히 공감각 자체라고 할 수 있습니다.

안와전두피질은 전두엽의 밑 부분, 즉 눈 뒤에 위치한 부위로 전전두엽의 일부입니다. 인간을 인간답게 만드는 전전두엽은 신피질로써 보상과 처벌, 즉 욕구와 동기를 관장합니다. 또한 감정적, 정서적 정보들을 상황에 맞게 조절해 사회적 행동을 적절히 수행하게 하는 기능을 담당합니다. 안와전두피질의 외측 영역은 처벌과 관련된 상황에서 활성화되고, 내측 영역은 보상과 관련된 상황에서 활성화됩니다. 안와전두피질에 손상을 입으면 즉각적 보상에 집중하게 되어 보상이 적지만 확률이 높은 쪽보다는 확률은 낮아도 보상이 큰 쪽만 집착하고, 무책임해지고, 사회적으로 부적절한 행동을 합니다. 자신의 실수를 통해 학습하는 기능도 사라집니다.

냄새는 유쾌한 유형과 불쾌한 유형으로 분류되어 유쾌한 쪽은 안쪽에 불쾌한 쪽은 바깥쪽에 위치합니다. 이처럼 냄새를 분류하는 능력은 보상 시스템과 연계되어 음식의 취사선택 도구로 사용됩니다. 경험문화에 의해 바뀌기도 하는 이런 연합, 분류, 보상이 진화의 원동력이고 감각의 목적이기도 합니다. 이 부위는 예술작품이나 음악에서 아름다움을 경험할 때나 엄마와 신생아

사이의 교감에도 중요한 역할을 합니다. 감각 수용체에서 뇌의 특정 부위로 전달되는 경로는 비교적 잘 밝혀졌으나 그것이 어떻게 인지되는지는 잘 모릅니다. 뇌에 그림이 그려진다는 정도만 밝혀졌으니 누가 그 그림을 보고 내용을 판단하는지는 아직 잘 모른다는 뜻입니다.

지각의
비밀

향은 각각 혹은 종합적으로 느낀다

음식은 갖가지 향으로 이루어져 있습니다. 요리의 향을 맡으면 뇌 전체에 퍼져 있는 뉴런들에 불이 들어옵니다. 뒤죽박죽 섞인 냄새들이 우리의 다양한 후각 수용체를 동시에 활성화시킵니다. 한 가지 요리에서도 구운 고기의 구수한 냄새, 밀가루를 버터에 볶은 향내, 야채의 달큰한 냄새, 토마토의 향, 양념의 향 등 다양한 풍미가 동시에 느껴지고 따로따로 느껴지기도 합니다.

우리는 온갖 재료가 들어간 요리를 놓고 전체의 냄새를 느낄 수 있고, 각각의 냄새를 따로따로 맡을 수도 있습니다. 다시 말해 서로 겹치며 풍기는 다채로운 냄새들을 일종의 요리냄새 교향곡에서 전체 소리와 개별 소리로 각각 들을 수 있는 것입니다.

그런데 우리는 이 기능이 뇌에서 어떻게 일어나는지는 알지 못합니다. 나는 그 기작을 알기 위해 노력했고《감각 착각 환각》이라는 책을 통해 내가 알아낸 기작들을 설명했습니다. 자연과학이 밝힌 여러 가지 힌트를 모아서 연결하면 그런 복잡한 현상도 충분히 가설을 세워 설명할 수 있다는 것이 놀라웠습니다. 정답은 없어도 힌트는 많다는 나의 생각에 대한 증거이기도 하고, 스스로에게 가장 자랑스러운 책이기도 합니다. 그래서 그 내용을 간략하게 소개하고자 합니다.

우리 눈은 몇 만 화소일까

나는 책을 통해 시각을 이해하면 후각과 인지기작의 이해가 쉬워진다고 했습니다. 후각에 대한 정보는 정말 빈약하지만 시각에 대한 정보는 놀라울 정도로 풍부하기 때문입니다. 시각은 30개 이상의 모듈로 되어 있고 단계별로 진행됩니다. 한편 되먹임feedback을 통해 상호 신호를 보정합니다.

그중 가장 놀라운 것은 외측 슬상핵LGN의 되먹임입니다. 각막의 수용체수화소수는 1억 2,600만 정도지만 126:1로 연합되어 실제 뇌로 전달되는 것은 불과 100만 화소 정도입니다. 시각은 100만 화소로 레티나 화질을 구사하는 정말 놀라운 증강현실인 것이죠. 지금 내 눈앞에 보이는 이 선명한 세상이 800만 화소의 휴대폰 카메라의 해상력보다 훨씬 형편없는 화소수로 만들어졌다는 것이 정말 놀랍지 않은가요.

눈에 시각 수용체 숫자가 1억 2,000만 개가 있지만 뇌로 전달되는 것이 100만에 불과하다는 것은 생리학 교과서에서나 찾아볼 수 있고, 일반인에게는 별로 알려지지 않았다는 사실도 놀랍습니다. 그런데 외측 슬상핵에는 눈에서 온 정보 외에 뇌의 시각 피질에서 오는 정보가 무려 400~900만이 추가됩니다. 정말 황당한 구조이죠. 눈에서 오는 신호는 고작 10~20퍼센트이고, 뇌에서 오는 80~90퍼센트 신호를 바탕으로 우리의 시각이 시작된다니 말입니다. 정말 놀라운 되먹임 구조입니다. 이런 되먹임 구조는 뇌의 어디에나 있습니다. 맛에서도 그렇습니다.

우리는 그런 장치를 통해 꿈을 그릴 수 있고, 환상이나 현실을 그릴 수도 있습니다. 뇌는 지상에서 가장 막강한 컴퓨터 그래픽 능력을 가지고 있는데, 의식이 있을 때는 항상 감각과 일치하는 그림현실만을 그릴 수 있고, 그렇지 않을 때는 환각에 시달린다고 합니다. 결국 뇌는 왜 그렇게 막대한 비용을 들여서 현실과 일치하는 그림을 그릴까가 뇌 작동 원리를 이해하는 핵심입니다.

공감력을 설명하는 미러뉴런

미러뉴런은 이탈리아의 자코모 리촐라티Giacomo Rizzolatti와 동료 학자들에 의해서 발견되었습니다. 짧은꼬리원숭이의 하두 정부피질Inferior frontal cortex에 전극을 설치하고 원숭이가 음식 조각을 잡을 때 관장하는 신경세포를 연구 중이었습니다. 그러다 뜻밖에 놀라운 것을 발견했습니다. 음식을 잡을 때 사용하는 신경세포가 자신이 움직이지 않고 다른 원숭이나 사람이 동작하는 것을 보기만 해도 반응한다는 것입니다. 상대가 움직이는 것만 보고도 거울에 비추듯마치 자신이 하는 듯 뇌세포가 반응하는 것을 발견한 것이죠. 이 미러뉴런의 의미를 알면 뇌 작동 원리의 많은 비밀을 풀 수 있습니다.

우리의 뇌에는 주인공이 없습니다. 뇌 속의 모든 작용을 관장하는 의식이나 특별한 중앙처리 장치가 없어 뇌로 전달된 신호의 의미를 해석하는 특별한 기관이 존재하지 않는 것입니다. 의미의 해석을 이해하는 가장 좋은 방법은 아마 미러뉴런을 이해하는 것 같습니다. 미러뉴런이 흉내 내기를 통해 의도를 짐작하거나 의미를 해석하기 때문입니다. 미러뉴런이 상대방의 행동을 머릿속에서 가상으로 따라 하면서 마치 실제로 자신이 그 일을 수행하는 것처럼 해주기 때문에 행동이나 표정의 의미를 알 수 있는 것이죠.

아프냐, 나도 아프다

미러뉴런은 동작으로 일어난 결과까지 흉내 내게 예측하게 해줍니다. 자전거를 타다가 넘어지는 사진을 보면 우리는 인상을 찡그리면서 '와! 아프겠다' 하고 생각합니다. 그것은 뇌에서 이성적 계산을 한 결과가 아니고, 자신이 그와 같은 일을 당했을 때 발생하는 통증 부위에 똑같이 신경이 활성화되어 아는 것입니다.

영화에 빠져들 수 있는 것도 이런 미러뉴런 덕분입니다. 영화는 단지 스크린에 비춰진 빛일 뿐인데 우리는 공포영화에서 쫓기는 사람을 보면 마치 내가 쫓기는 듯합니다. 긴박한 추격전에서 그들처럼 심장의 박동이 빨라지고 긴장합니다. 이처럼 내 몸과 뇌에 실제와 유사한 가상의 상황이 똑같이 발생하기에 의미를 이해하는 것입니다. 뇌에 특별한 의식이나 장치가 있어서 계산적으로 세상을 이해하는 것이 아니라요.

미러뉴런의 의미를 몇 개의 신경세포 작동 범위를 벗어나 뇌자체를 '미러뉴런 시스템Mirror Neuron System'이라고 생각하면 뇌에 관련된 많은 현상을 깔끔하게 해석할 수 있습니다. 나는 《감각 착각 환각》에서 이런 미러뉴런 시스템을 이용해 꿈과 환각, 지각 등이 어떻게 연결되고 뇌의 여러 가지 복잡한 현상이 얼마나 간결하고 일관되게 설명되는지 이야기했습니다.

가장 쉬운 것이 꿈의 이해입니다. 꿈의 내용은 분명히 의미 없습니다. 그런 꿈을 꾸는 장치를 만들려고 많은 비용을 쏟는 것은 생물학적으로 파멸의 길입니다. 꿈은 그냥 미러뉴런 시스템의 부산물이라고 생각하면 간단합니다. 만약 눈이 있기 때문에 보는 것을 이해한다면 카메라도 세상을 보고 이해한다고 해야 합니다. 하지만 세상에 자신이 보는 것을 이해하는 카메라는 없습니다. 인간의 뇌에는 눈을 통해 들어오는 정보를 바탕으로 그것을 똑같이 그려내는 미러뉴런 시스템이 있습니다. 눈에 들어오는 정보를 바탕으로 똑같이 그려보면서 정보의 의미를 알아채는 것입니다. 우리가 보는 것은 뇌가 그린 것인데 워낙 현실과 일치해 단순히 눈에 보이는 그대로를 본다는 착각에 빠지게 합니다. 정말 놀라운 장치죠. 만약 이 장치가 없다면 보고도 뭘 본지 모르고, 꿈도 없고 환각도 없습니다.

여기, 아주 간단한 사례가 있습니다. 눈에 이상이 있는 어린이를 적절한 시기예를 들면 10살 이전 이전에 고쳐주지 않으면, 이후에 눈을 고친다 한들 세상을 보지 못합니다. 정상적인 눈을 갖고 태어나면 무조건 볼 수 있는 것이 아니라 그것을 처리할 시스템이 발달해야 볼 수 있습니다. 생후 2주 정도 되면 명암 정도를 구별할 수 있고, 생후 1개월 정도면 20~25센티미터 떨어진 물체에 초점을 맞출 수 있습니다. 3개월 무렵부터는 움직이는 물체를

　　　　　　7장. 감각, 착각, 환각 그리고 지각

눈으로 잘 쫓을 수 있습니다. 4개월 무렵 서서히 색을 구분하고, 6세 무렵이 되면 성인의 표준 시력과 같은 1.0 정도가 됩니다. 이처럼 시각은 뇌 발달과 더불어 만들어집니다. 10살이면 불필요한 뇌신경이 모두 제거되는 시기라 이전에 시각 자극을 통해 뇌신경을 훈련시켜 필요한 미러링 기능을 갖추지 못하면 이후에는 영원히 볼 수 없습니다.

맛은 음악을 듣는 것과 같다

냄새에도 환각이 있습니다. 환각은 생각보다 다양한 경우에 발생합니다. 노화, 질병, 약물, 심지어 단순히 자극이 박탈되기만 해도 환각은 일어납니다. 며칠 동안 잔잔한 바다를 응시하는 선원들에게 헛것이 보인다는 보고는 오래전부터 있었습니다. 낙타를 타고 황량한 사막을 건너는 여행자들이나, 눈과 얼음에 뒤덮인 극지를 탐험하는 사람들도 마찬가지입니다. 또한 높은 곳에서 텅 빈 하늘을 몇 시간 동안 비행하는 조종사들이나, 끝없는 도로를 몇 시간 동안 달리는 장거리 트럭 기사들에게 그런 환상이 발생할 수 있습니다.

뇌과학을 다루는 책에서는 주로 환시시각, 환통촉각, 환청청각에 대해서만 말하지만 환후후각와 환미미각도 제법 많습니다. 로라 H.는 후각의 대부분을 상실했습니다. 한밤중에 전기화재 냄새가 나는 것 같아 잠에서 깨어 주방을 둘러보았지만 화재의 흔적은 어디에도 없었습니다. 로라는 남편을 깨웠고 남편은 아무 냄새도 맡지 못했지만 그녀는 계속해서 심한 연기 냄새를 맡았습니다.

"난 충격에 빠졌어요. 실제로 존재하지 않는 냄새가 그렇게 강하게 날 수 있다니요."

이처럼 환후도 환시만큼 생생합니다. 그냥 스쳐 지나가는 냄새처럼 희미한 것이 아니라 반드시 냄새가 나는 물질이 있다고 확신할 정도로 생생하게 느껴집니다. 나는 모든 감각에 환각이 있는 것으로부터 결국 뇌는 미러뉴런 시스템이고, 감각한다는 것은 최종적으로 뇌에서 재구성한 것이라는 확신을 얻었습니다.

음식의 맛을 본다는 것은 음악을 듣는 일과 같습니다. 모든 음악소리은 파동입니다. 독창도 있고 합창도 있으며 무반주도 있고 4중주도 있고 대규모 관현악단도 있습니다. 그래 봐야 단 한 줄의 이어진 파장입니다. 파장의 패턴이 조금 복잡해질 뿐입니다. 우리가 그 파형을 눈으로 본다고 하더라도 사람 목소리인지 악기 소리인지 구분하지 못하고 몇 명이 부른 것인지 알지 못합니다. 그런데 스피커로 재생한 소리를 들으면 금방 구분이 가능합니다. 지휘자는 수많은 연주자의 사소한 실수마저 금방 알아챕니다.

향을 느끼는 것도 이것과 비슷합니다. 딸기 향 성분이 따로 있고 사과 향 성분이 따로 있는 것이 아니지만, 모든 파장이 섞인 음악에서 전체적 소리를 듣고 각각 악기의 소리를 들을 수 있는 것처럼 전체적 향을 느끼고 딸기 향과 사과 향을 따로 구분해 느낄 수도 있습니다. 시각처럼 미러뉴런 시스템을 통해 기억 속 파형과 감각된 파형을 비교해 향을 찾아내는 것입니다.

아는 만큼 맛도 좋다

음악을 듣는다는 것은 결국 뇌로 그 음악을 연주한다는 것입니다. 내가 연주할 수 있는 만큼 그 소리를 알아듣고 감동할 수 있습니다. 음식도 교향곡만큼 복잡한 부분이 있습니다. 와인의 향을 기술하기 위해 전문가들이 만든 것이 플레이버휠Flavor wheel인데, 향의 묘사가 어찌나 복잡한지 놀라울 지경입니다.

보통 사람은 포도주를 마시며 맛이 있다 없다 정도로만 표현하는데 그렇게 많은 향기를 느낄 수 있다니, 이건 대체 어떤 의미일까요? 포도주의 유일한 원료는 포도입니다. 그런데 넣지도 않은 꽃향, 너트향 등은 무엇일까요? 냄새는 향기 물질의 조합이라 꽃향 물질의 일부가 들어 있으면 그 꽃을 뇌로 그릴 수 있습니다. 너트도 마찬가지고요. 이렇듯 맛은 존재하는 것이 아니고 발견하는 것입니다.

콜라를 좋아하는 사람은 많아도 콜라의 향이 어떻게 구성되었는지 아는 사람은 없고 한 가지 향으로만 생각하는 사람이 많습니다. 실제 콜라의 독특한 향은 레몬, 라임, 오렌지 같은 시트러스 오일향에 계피, 생강, 육두구, 정향, 고수 같은 향신료의 조합으로 만듭니다. 아이스크림의 소다 향은 혼합 과일 향에 바닐라 향을 결합한 것입니다. 이런 사실을 알고 콜라를 음미하면 예전과 다른 향을 느낄 수 있을 것입니다. 뇌는 아는 만큼 맛을 그릴 수 있고, 느낄 수 있습니다.

감각은 서로를 돕는다

뇌에는 홀로 기능하는 구조물이 없습니다. 서로 정보를 주고받으면서 흥분시키기도 하고 억제시키기도 합니다. 그런 상호 조절을 통해 각각의 구조물이 모여 통일된 구조를 이룹니다. 그리고 신호는 되먹임의 루프를 형성해 돌고 돌면서 더 강화되기도 하고 소멸되기도 합니다. 되먹임의 루프는 감각의 구분을 모호하게 만들기도 합니다. 소금을 넣어서 맛이 좋아지면 짠맛이 증가한 것인지 향이 증가한 것인지 구분하지 못합니다. 감각이

7장. 감각, 착각, 환각 그리고 지각

섞여서 정확한 출처가 애매해집니다. 감각의 연합은 단순하지 않고 상당히 정교하지만 완벽하지도 않습니다. 간섭받고 흔들리며 실수도 많습니다. 하지만 세상을 살아가는 데 적당한 수준의 신뢰성을 주며, 흔들리는 것은 변화에 적응할 수 있는 융통성의 수단이기도 합니다.

감각의 연합은 모두 갖추어야 제 맛이 나는 이유도 설명해줍니다. 과일이 단맛이 없으면 향마저 부족하게 느껴지고, 음식에 소금이 부족하면 모든 맛이 살아나지 않는 이유가 바로 감각의 연합 때문입니다. 한두 가지 과목의 점수가 높아도 전체 점수가 낮으면 잘한 과목마저 좋은 평가를 받지 못하고, 전체 점수가 높으면 부족한 과목도 잘한 것으로 생각하는 시스템인 것입니다. 그리고 가장 중요한 것은 쾌감도 같이 연결되었다는 점입니다. 단순히 감각한다는 것은 의미가 없습니다.

생존에 유리한 행위는 더욱 많이 하도록 쾌감을 부여하고 생존에 불리한 행동은 고통불쾌감을 부여해 억제해야 합니다. 생존의 절대적인 요소 보상쾌락시스템도 이 감각의 인식회로에 완전한 세트를 형성해 작동합니다.

뇌는 기억한 패턴을 예측한다

뇌의 가장 큰 역할은 기억입니다. 사실 기억은 변화된 출력, 즉 예측이 가미된 출력을 위한 것입니다. 로돌프 R. 이나스는 《꿈꾸는 기계의 진화》에서 뇌란 변화하는 환경에서 미래를 예측하기 위해 존재하는 기관이라고 말합니다. 인간의 뇌에서 '기억한다'는 말은 '예측한다'와 거의 같은 말입니다. 예측이라는 것은 뉴런들이 실제로 감각 압력을 받기에 앞서 미리 활성을 띤다는 것을 뜻합니다. 우리가 음악을 들을 때 다음 곡조를 예상하거나 노래가 어떤 음으로 끝날지 대충 아는 것도 예측의 일환입니다. 머리가 좋다는 것은 결국 적절한 패턴을 많이 기억해 제때 사용할 수 있다는 것이죠.

무조건 반사, 조건 반사, 의식, 무의식 등 여러 용어 중에서 무의식이 등장하면 꼭 신비를 추가하려 합니다. 그런데 운전을 익히는 과정을 생각해보면 무의식은 별게 아니라는 것을 금방 알게 됩니다. 처음 운전할 때는 긴장되어 시야가 아주 좁습니다. 그러다 익숙해지면 시야는 넓어지고 긴장은 풀어집니다. 나중에는 거의 좀비 모드입니다. 매일 하는 출퇴근 길, 나는 분명히 운전하고 집에 왔지만 어떻게 운전하고 왔는지는 거의 의식하지 못합니다. 완전한 무의식 모드죠. 자신이 매일 출퇴근하는 과정을 일일이 의식하고 기억하는 것이 효율적이고 생존에 적합할까요? 아니면 일상적인 것은 자동화시켜 무의식으로 돌리는 것이 효과적일까요? 당연히 후자 쪽일 것입니다. 그런데 우리는 무의식이라고 하면 뭔가 신비를 먼저 떠올리는 습성이 있습니다.

사실 우리 뇌의 기능은 의식적으로 처리되는 부분보다 무의식적으로 처리되는 것이 많습니다. 자율신경도 그렇고 고유 감각이 그렇고 여러 인지기능도 그렇습니다. 얼굴의 인식, 색의 창조, 입체의 창조 등이 뇌에서 일어나지만 그것이 구체적으로 어떻게 일어나는지 우리는 전혀 인지하지 못합니다.

선입견에서 자유롭기 어려운 이유

인간은 패턴 찾기에 정말 능합니다. 그래서 병아리 감별이나 위폐 감별에 기계가 쉽게 따라오지 못하는 능력을 보여주기도 합니다. 기계로는 힘든 병아리 감별을 인간이 해내는 이유는 패턴화 능력이 뇌의 궁극적 기능 중 하나이기 때문일 것입니다. 그것은 오랜 생존 투쟁의 산물입니다. 생명과 기계의 가장 큰 차이는 무엇일까요? 생명은 복잡한 환경에 대처하고 생존한다는 것인데 여기에 패턴화 능력이 크게 한몫합니다. 패턴화 능력은 유사한 특징을 그룹화하거나 분리하는 능력입니다. 생존하기 위해서는 먹이를 쉽게 찾고, 사나운 맹수의 위장을 빨리 눈치채는 것이 중요합니다. 숲에 숨은 사자의 일부분만 보고도 재빨리 사자 전체 모습을 유추해내야 합니다.

남자아이는 굳이 가르치지 않아도 자동차가 승용차인지 화물차인지 알뿐 아니라 모델과 연식까지 기억하기도 합니다. 차가 낡았거나 찌그러져 모양이 바뀌어도 문제없습니다. 우리는 한 가지 물건을 매번 정확히 보는 경우가 드뭅니다. 책상 위의 물건의 위치를 약간 돌려놓거나 스탠드 위치를 조금 바꿔도 우리는 자연스럽게 똑같다고 느끼죠. 뇌에서 물건에 대한 불변 표상을 형성하기 때문입니다.

《생각하는 뇌, 생각하는 기계》의 저자 제프 호킨스는 속도의 핵심은 "뇌는 계산하지 않고 기억한다"는 것이라 했습니다. 그는 그동안 많은 연구자가 컴퓨터로 지능Intelligence을 모방하려고 시도했지만 실패한 이유가 뇌의 작동 방식이 컴퓨터의 작동 방식과 전혀 다르다는 것을 알지 못한 오류 때문이라고 설명합니다. 또한 뇌는 계산을 하는 것이 아니고 패턴을 받아들이고 계층 구조를 가지며 기억하고 기억으로부터 예측한다고 말합니다.

뇌는 기억-예측 모델로 작동하기 때문에 우리는 익숙하지 않은 것은 쉽게 눈치챕니다. 따라서 작은 차이를 정말 잘 인식합니다. '정상'인 차이는 잘 인식하지 못하지만 '비정상'인 차이는 정말 민감하게 인식하죠. 길을 가다가 누군가의 걸음걸이가 이상하면 말로 설명하기 힘든 아주 작은 차이라도 곁눈질만으로 압니다.

향은 감정과 기억을 부른다

향은 기억중추를 자극해 우리를 아득한 과거로 데려가곤 합니다. 냄새는 오랜 세월 동안 덤불 속에 감춰져 있던 지뢰처럼 기억 속에서 슬며시 폭발합니다. 냄새의 뇌관을 건드리면 모든 추억이 한꺼번에 터져 나옵니다.

낙엽 태우는 냄새는 군고구마를 먹었다는 단순한 사실만을 떠올리게 하지 않습니다. 오히려 어머니의 사랑을 받던 따스한 감정을 더 생생하게 기억하게 하죠. 냄새의 효과는 순간적으로 나타나기 때문에 생각할 시간을 갖기도 전에 이미 감정을 자극합니다. 이 때문에 우리는 특정한 냄새를 인지했을 때 그 실체나 이유를 이해하기도 전에 알 수 없는 감정에 곧장 휘말리는 것입니다.

이것은 뇌의 진화적 관점에서도 명확한 것입니다. 후각은 시각이나 청각과 달리 변연계에 직접 연결되어 있습니다. 변연계의 편도체는 감정의 중추입니다. 편도체를 전극으로 자극하면 강렬한 분노, 절절한 사랑의 감정, 의기소침한 슬픔 등 아주 짧은 순간에 인간이 의식할 수 있는 거의 모든 심리적 상태를 불러일으킬 수 있습니다. 과거에 다양한 음식, 동물, 환경의 냄새를 쫓거나 피하면서, 성공하거나 실패한 과정을 통해 매번 대뇌피질과 선조체의 시냅스 연결이 변형됩니다. 따라서 다시 같은 상황을 만나면 수백, 혹은 수천 가지 경험에 의해 형성된 선조-시상-피질 회로가 냄새나 행동과 상호작용합니다.

강한 감정을 일으키는 냄새에 대한 기억은 오래 남습니다. 뇌의 언어중추는 후각중추보다 훨씬 늦게 개발된 영역입니다. 언어로 묘사되는 기억은 훨씬 시각적이고 이성적이지만, 냄새가 갖는 감성의 풍부함을 따를 수는 없습니다. 언어로 된 기억은 기록의 힘을 빌리지 않고는 오래 남겨두기 어렵지만 냄새로 이루어진 기억은 작은 단서만 있으면 언제 어디서든 회상할 수 있습니다.

7장. 감각, 착각, 환각 그리고 지각

달라지는 맛,
달라지는 향

맛과 향은 카멜레온 같다

똑같은 향이라고 해도 물에 있을 때 느낌이 다르고, 우유에 있을 때 다르고, 기름에 있을 때 느낌이 완전히 달라집니다. 더구나 모든 식품의 성분은 상호작용하므로 어떤 것이 어떤 느낌을 줄지 예측하는 일은 어렵습니다. 성분의 상호작용뿐 아니라 감각기관 자체의 차이나 문화와 훈련에 의한 차이에 따라서도 달라집니다. 이런 차이를 모두 감안하면 어떻게 같은 음식을 두고 맛있다고 하는지 신기할 따름입니다.

· 개인의 차이 : 쓴맛은 무려 25종 수용체, 미각세포의 수에 따라 민감한 정도가 다른데 미각세포의 숫자가 4배 이상 차이가

나는 것이 보통입니다. 민감한 사람과 둔감한 사람의 차이는 100~1,000배이고 여기에 나이가 추가되면 1000~10,000배까지도 차이가 납니다. 후각은 미각보다도 차이가 더 심합니다. 이미 50여 종의 취맹이 발견될 정도죠.

· 나이 차이 : 미각과 후각은 신생아가 가장 예민합니다. 신생아 시기에는 입안 전체에 맛봉오리가 돋아 있고, 입천장, 목구멍, 혀의 옆면에도 미각 수용체가 있습니다. 덕분에 아기들은 밍밍한 분유의 맛도 몇 배로 맛있게 느끼죠. 남아도는 맛봉오리는 10세 무렵이 되면 사라지고, 이후로도 소멸과 생성을 반복합니다. 20대 이후에는 조금씩 후각이 둔화되며, 60세 이후 급격히 기능이 떨어집니다. 80세가 되면 건강한 사람 중 4분의 3이 냄새를 잘 맡지 못합니다.

· 성별 차이 : 쓴맛과 냄새는 여성이 남성보다 민감한 것으로 나타났습니다. 남자는 먹을 만하다고 판단된 동물을 사냥하면 그만이고, 여자는 주위에서 식물을 채집하는데 사실 동물은 독을 합성하지 않고 거의 모든 독은 식물이 합성합니다. 따라서 여자가 쓴맛과 향에 민감할 수밖에 없었을 것입니다. 일부 여성은 단맛에 강한 거부감을 드러내지만 초콜릿 같은 단것에 빠져드는

것은 항상 여성입니다.

· 인종역사 차이 : 신장, 분비샘의 유무유럽, 아프리카계는 겨드랑이에 아포크림 땀샘이 집중, 아시아인은 적음. 신맛은 서양인이 1/10 정도로 둔감하니 동양인이 시다고 느끼는 것을 서양인은 맛이 풍부하다고 느낄 수 있습니다. 유색인종은 백색인종보다 민감한 후각을 가지고 있지만 유럽의 조향사들이 맡을 수 있는 냄새를 한국의 조향사는 맡지 못하는 경우도 있습니다.

취향을 결정하는 결정적인 요소

냄새는 대부분 학습에 의한 것이라 문화적인 영향을 많이 받습니다. 우리에게 참기름은 고소함의 상징이지만 참기름을 사용한 적이 없는 서양인에게는 이상한 냄새일 수 있습니다. 동양인은 우유보다 콩에 의존하므로 예전에는 치즈 냄새를 좋아하지 않았습니다. 요즘 아이들이 태어나자마자 치즈를 좋아하는 것은 학습에 의한 것입니다. 아이들에게 치즈에 대한 교육을 하지 않았는데 치즈를 좋아하는 걸 보고 남다른 유전자를 가지고 태어난 거라 여기는 것은 틀린 생각입니다. 학습은 생각보다 은밀하게 이루어집니다.

대부분 서구인은 음악을 듣자마자 협화음인지 불협화음인지 알아차리고 협화음을 선호합니다. 그리고 이 성향은 선천적이라고 믿었죠. 그런데 최근 놀라운 결과가 나왔습니다. 아마존 유역의 오지娛地 부족들을 대상으로 실시한 연구에서, 이 같은 선호도는 그다지 선천적이 아니라는 결론이 나왔습니다. 외부세계에 전혀 노출되지 않은 사람들은 '둘 다 기분 좋기는 마찬가지다'라고 생각한다는 것입니다. 결국 협화음이나 불협화음에 대한 선호도는 음악에 대한 경험에 의해 형성되는 것입니다.

MIT의 조시 맥더멋 박사 연구진팀이 아마존 열대우림에 사는 치마네이Tsimane 부족을 찾아갔습니다. 그들의 마을은 극도로 외진 곳에 있어서 카누를 타야만 겨우 접근할 수 있습니다. 그들은 지구상에서 고립된 몇 안 되는 부족 중 하나이며, 서구 음악에 대한 경험이 극도로 제한되어 있습니다. 연구진은 64명의 치마네이 참가자들에게 헤드폰을 씌우고 협화음과 불협화음을 들려준 다음, 유쾌한 정도를 평가하게 했습니다. 그 결과 협화음을 불협화음보다 선호하지 않는 것으로 나타난 것입니다.

헐떡임과 웃음소리, 거친 음악과 부드러운 음악의 호감도 평가는 서구인과 마찬가지여서, 웃음소리와 부드러운 음악을 일관되게 선호하는 것으로 나타났지만 협화음에 대해서는 서구인과 차이를 보인 것입니다. 어찌 보면 이 연구 결과는 우리가 얼마만큼 의도와 상관없이 주변 환경에 영향을 받는지 보여줍니다. 딱히 의도하지 않아도 음악이나 영화나 광고를 시청할 때, 행복하거나 흥미롭거나 재미있는 순간에는 으레 협화음이 등장합니다. 뱃속의 아이마저 그런 리듬에 노출됩니다. 노출과 학습이야말로 우리의 취향을 결정하는 가장 큰 요소인지 모릅니다.

감각은 상황에 따라 달라진다

여기 재미있는 이야기가 하나 있습니다. 땅에서는 별로 주목받지 못하는 토마토 주스가 비행기가 뜨면 갑자기 인기가 치솟는다는 사실을 과학자들이 알아낸 것이죠. 옥스퍼드대학교의 실험물리학자 찰스 스펜스 교수는 비행기의 엔진소음의 효과라고 주장했습니다. "비행기 소음은 단맛과 짠맛을 느끼는 능력을 억누르는 대신 감칠맛을 느끼게 하는 능력을 증가시킨다"는 것입니다.

코넬대학교 식품영양학과 연구팀은 비행기에서 직접 모의실험을 했습니다. 그 결과 "감칠맛은 시끄러운 환경에서 마실 때가 조용한 환경에서 마실 때보다 더 진하게 느껴지고, 재료의 농도에 따라 맛의 강도도 높아졌다"고 설명했습니다. 코넬대학교 식품과학부 로빈 댄도 교수의 연구는 비행기가 지나가는 것 같은 소란한 소리를 들은 사람의 입속에서 단맛의 강렬함이 완화되는 것을 발견했습니다. 반면, 감칠맛을 느끼던 사람은 이 은은한 맛을 더 뚜렷하게 느꼈습니다. 나이프·포크·숟가락 등 식탁에 놓인 도구들의 소리가 음식 맛을 느끼는데 영향을 미치고 있다는 연구 결과도 나왔습니다. 접시 위에서 부딪히는 맑고 투명한 나이프 소리가 사람들에게 더 큰 만족감을 준다는 것입니다.

소음도 그렇고 기압도 그렇습니다. 3만 피트약 9,100미터 상공에서 제공하는 기내식은 양념이 강하고 짠 편이라고 합니다. 높은 기압과 건조한 공기 때문에 단맛과 짠맛을 느끼는 미각이 3분의 1가량 무뎌지고 쓴맛과 신맛은 별 영향을 받지 않아 맛을 조정한다는 것입니다. 건조한 습도가 후각 기능을 떨어뜨려 미각을 둔화시키기 때문에 기내에서는 향이 풍부하고 당도가 높은 와인을 서비스하는 편이라고도 합니다.

코카콜라와 펩시를 구매하는 소비자들의 뇌 반응을 기능성 자기공명영상장치fMRI로 촬영해 보았습니다. 본인이 마신 콜라가 어떤 회사 제품인지 모르는 상태에서는 두 회사 제품을 마신 소비자 모두 동일하게 뇌의 전두엽이 활성화되었습니다. 이어서 어느 회사 제품인지를 알려준 다음에는 코카콜라를 마신 소비자는 전두엽 외에도 전전두엽과 해마가 활성화되었지만, 펩시콜라인 줄 알고 마신 사람들은 그렇지 않았습니다. 상표가 맛을 달라

지게 한 것이죠. 이처럼 맛은 종합적인 경험이고 정말 많은 조건
에 따라 결과가 달라집니다.

맛은 재구성된 감각의 결과

야간 시력은 나이가 들면 1/16로 감소합니다. 그런데 그 정도
로 나빠졌다는 것을 잘 못 느낍니다. 평소 밝은 곳에 있다가 영
화관처럼 어두운 곳에 가면 처음에는 안 보이다가 점점 주변이
보이기 시작합니다. 이처럼 우리의 감각은 철저히 재구성의 결
과입니다.

냄새가 뇌에 그림을 그리는 것이 절대적 주소에 절대적 형태
로 전달되는 것이 아니고 음악의 리듬처럼 적당히 그 의미만 재
구성되고 해석되는 것입니다. 그것은 마치 노래를 듣는 것과 같
습니다. 노래를 부를 때 사람마다 음색과 음 높이가 다릅니다.
악기도 모두 다른 소리를 내지요. 하지만 우리는 동일한 노래인
지 아닌지 즉각 알아듣습니다. 맛과 냄새도 마찬가지입니다. 감
각의 결과가 여러 가지 상호작용과 복잡한 경로를 통해 뇌로 가
면 뇌는 이것을 재구성하는 과정을 통해 현실과 일치시키려 합
니다.

이것은 카메라의 화이트 밸런스 기능과 같습니다. 예전에 카

메라는 화이트 밸런스 기능이 없어서 조명에 따라 흰색이 다르게 보였죠. 우리 눈에 보이는 흰색 종이는 항상 흰색인데 카메라는 상황에 따라 흰색이 달라지는 것입니다. 보통 카메라가 엉터리라고 생각하겠지만 사실은 정반대입니다. 카메라는 있는 그대로를 보여준 정직한 화면이고, 우리 눈에 빼어난 이미지 조작 장치가 있는 것입니다.

빛은 아침, 한낮, 저녁에 따라 모두 다르고 광원에 따라서도 다르죠. 색은 특정 파장의 흡수 현상이므로 흰색은 빛에 따라 모두 달라져야 정상인 것입니다. 그런데 우리 뇌는 빛의 상황에 맞추어 언제나 흰색은 흰색으로 피부색은 피부색으로 보이도록 보정합니다. 뇌는 우리가 원하든 원하지 않든 눈에 들어온 정보에서 보정할 힌트를 찾아 순식간에 흰색으로 보여야 할 물건을 찾아 흰색으로 보이도록 보정하고 그 순간 다른 색들도 더불어 자동으로 보정됩니다.

다른 감각도 마찬가지입니다. 모든 감각에서 들어온 정보를 그대로 인지하는 것이 아니라 합리적으로 세상이 감각되도록 보정과 재구성을 하고 그 결과를 바탕으로 인지를 시작합니다. 뇌에는 고정불변 절대적 세상이 있는 것이 아니고 의미에 따른 재구성과 재구성에 따른 의미만 있는 것입니다.

7장. 감각, 착각, 환각 그리고 지각

감각은 통제가 가능하다

우리가 느끼는 냄새는 순수한 감각 그대로의 결과물이 아니고 뇌가 적당히 재구성한 변조된 결과물입니다. 시각이 눈으로 본 것 그대로가 아니라 눈에 들어온 정보와 일치하도록 만들어진 뇌가 그린 그림이라는 것의 가장 간명한 증거는 시각의 맹점 채움입니다. 또한 후각이 코로 맡은 것이 아니라 코로 맡은 정보에 기초해 뇌가 그린 그림이라는 것의 가장 간명한 증거는 소위 '후각 순응'이라고 하는 현상입니다.

후각 순응, 또는 후각 피로라는 현상은 동일한 냄새가 지속되면 매초 2.5퍼센트씩 민감성이 감퇴되어 1분 이내에 70퍼센트가 감소하는 현상입니다. 그런데 이것을 단순하게 후각세포가 냄새를 맡다가 피곤해져서 쉬는 현상이라 여기면 정말 곤란합니다. 이것은 뇌의 놀라운 조절 작용에 의한 것이지 단순한 피로나 우연에 의한 현상이 아니기 때문입니다.

우리는 감각이 감각세포에서 뇌로 일방적으로 흐른다고 생각하지만 감각 정보는 루프를 형성해 돌고 돌지요. 뇌에서 감각기관으로 내려오는 것이 감각 자체 영향을 주는 것이고, 후각세포의 신호가 첫 번째로 모여서 상호작용하는 사구체에는 뇌의 내려오는 신호억압, 통제 체계가 있습니다. 코가 냄새를 맡는 감각의 단계부터 뇌가 원하는 대로 정보를 얻기 위한 통제가 있는 것입니다. 그런 통제의 결과가 아니라면 후각세포의 수명이 60일인데, 1분 만에 후각의 70퍼센트가 변하는 것을 설명할 수 없습니다. 후각의 순응은 생존을 위해 절실한 능력입니다. 페로몬 현상을 생각해보면 분명합니다.

곤충은 정말 사소한 양의 페로몬에 극도의 쾌감을 느끼도록 설계되어 있습니다. 만약 나비가 4킬로미터 밖에서 페로몬을 감지하고 쾌감에 만족한다면 아무 의미가 없을 것입니다. 잠시 후 쾌감이 줄어들어야 나비는 조금이라도 농도가 진한 쪽으로 이동하려는 욕구가 생기죠. 4킬로미터 밖의 나비가 1킬로미터만 안으로 이동했다고 해도 그 농도 차이는 밖에 있을 때보다 수백 배일 것입니다. 효과적으로 감각이 둔화되지 않으면 쾌감이 충분해 나비는 거기에 머물 것입니다. 적극적으로 둔화시켜 농도가 진한 쪽으로 이동하게 해야 합니다.

항구에 가면 비린내가 코를 찔러 다른 냄새를 맡기가 힘듭니다. 그런데 시간이 지날수록 비린내는 줄어들고 다른 냄새를 생생하게 맡을 수 있게 됩니다. 뇌의 통제력 덕분이죠. 이런 선택적 순응보다 기가 막힌 순응이 습관적 순응입니다. 습관적 순응은 특정 장소를 자주 방문하면 그 장소의 냄새에 둔해지는 것과 같은 현상입니다. 사실 우리는 냄새 물질에 포위되어 살죠. 완전한 무취 상태를 만드는 것은 거의 불가능합니다.

우리는 각자 특유의 체취를 가지고 있습니다. 그런데 자신의 체취를 의식하지 못합니다. 또한 익숙한 건물에 가면 그 건물에 간다는 사실을 의식하기도 전에 그곳 특유의 냄새를 느끼지 못하도록 후각을 조정합니다. 가령, 향료회사 직원은 외부 손님들이 느끼는 강한 냄새를 잘 인식하지 못합니다. 건물로 다가가려는 순간 뇌가 코의 신호체계를 조정해 배경 냄새를 맡지 않도록 해주기 때문이죠. 이런 조절은 순식간에 이루어지는데 우연한 현상일 리가 없습니다.

똑같은 와인에 싼 가격과 비싼 가격을 붙이면 우리는 비싼 와인을 더 맛있다고 느낍니다. 그것은 결코 우리의 속물근성 때문이 아닙니다. 뇌가 맛 정보와 가격 정보를 따로 받아들인 후 맛의 정보에 가격 정보를 반영해 비싼 것이 더 맛있다고 느끼게 하는 것이 아니라, 뇌는 가격 정보를 보자마자 입과 코를 개조하는 것이죠. 비싼 와인은 맛있고, 싼 와인은 맛이 덜하게 느껴지도록 감각 자체를 바꾸는 것입니다. 이처럼 우리의 감각이 생존을 위해 절대적인 감각 대신에 재구성된 상대적 감각을 선택했기 때문에 한편으로 자신이 잃어버린 절대적 감각을 동경하기도 합니다.

절대 감각과
상대적 감각

절대 미각은 존재할까

파트리크 쥐스킨트Patrick Suskind의 《향수》라는 책에는 그르누이라는 천재적인 후각을 가진 주인공이 등장합니다. 후각이 어찌나 뛰어난지 그 당시에 유행하는 향수 냄새를 맡고 한 번에 만들고, 몇 킬로미터 떨어진 곳의 냄새를 다 구분할 수 있지요.

'와인의 황제'로 불리는 로버트 파커Robert M. Parker Jr.는 맛을 보는 것만으로 부와 권력을 쌓았습니다. 1982년산 보르도의 빈티지를 높이 평가한 최초의 인물이고, 이것이 와인 시장에 새로운 기준이 되었고, 25년간 최고 비평가로 인정받았습니다. 지금은 일반화됐지만 100점 척도의 평가 기준을 최초로 마련한 사람도 파커입니다. 보르도 와인 생산자들은 그의 평가가 나오기 전에는 가격 공시조차 하지 않는다고 합니다. 미각력 하나로 부와 권위를 가졌으니 부럽지 않을 수 없습니다.

좋은 미각력을 갖추기 위한 노력은 생각보다 오랜 역사를 가지고 있습니다. 로마의 미식가들은 다리가 있는 강에서 잡은 물고기와 하구에서 잡은 물고기 맛을 구별했을 정도라고 전해집니다. 모두가 살기 위해 먹었던 시절도 있었지만, 요즘엔 먹기 위해 사는 사람들도 많습니다. 그러니 '절대미각'은 많은 사람이 부러워할 만하죠. 음식을 맛보기만 해도 어떤 재료가 들었는지 줄줄 읊는 일이 실제로 가능할까요? 영화나 드라마를 보면 와인을 마시면서 연도까지 알아맞히는 장면이 종종 등장합니다. 그런데 어떤 와인 맛을 보고, 어느 지방, 몇 년도, 무슨 와인이라고 알아맞히는 것은 불가능하다고 합니다.

만약 우리가 하루에 10개의 와인 맛을 보고 그 맛을 외운다고 가정할 때, 1년이 지나면 3,650개의 와인 맛을 기억할 수 있습니다. 사실 3,650개의 와인 맛을 정확하게 기억한다는 것은 불가능에 가깝습니다. 향료회사가 조향에 쓰는 원료가 3,000가지가 안 되는데, 조향사가 그것을 익히는 데 몇 년씩 걸리기 때문입니다. 해가 바뀌면 수확한 포도의 품질이 달라져 같은 이름의 와인도 맛이 미묘하게 달라집니다. 프랑스 보르도 지방에만 1만 2,000여 개의 메이커가 있고 메이커마다 다양한 와인을 만듭니다. 그러니 어떤 와인 맛을 보고, 어느 지방, 몇 년도, 무슨 와인이라고 알아맞히는 것은 그저 영화 속에서나 가능한 상상인 셈이지요.

조향사나 소믈리에는 뛰어난 능력자일까

수백 가지 향기 물질로 수많은 향을 창조해내는 조향사의 코는 다른 사람들보다 뛰어날까요? 냄새 전문가가 되려면 어떻게 해야 할까요? 사실 조향사에 어울리는 사람은 예민한 후각보다는 냄새를 접하고 만드는 일에 즐거움과 기쁨을 가진 사람이어야 합니다. 감각만 예민하다고 무작정 좋은 것은 아닙니다.

식품회사나 향료회사에서 연구원을 뽑을 때도 미각이나 후각이 특별히 예민한 사람을 뽑지는 않습니다. 혀의 1제곱센티미터당 미뢰의 수는 둔감한 사람의 경우 100개, 보통 사람은 200개, 민감한 사람은 400여 개 수준입니다. 이때 민감한 사람이 유리할 것 같지만 오히려 쓴맛에 과민하기 때문에 부적합합니다. 오히려 보통의 경우가 즐기는 음식 폭이 넓고, 정도도 높아 식품연구원으로 적합합니다. 향을 만드는 조향사도 일반인 정도의 감각이면 충분합니다.

타고난 감각보다 열정과 훈련이 전문가를 만듭니다. 평범한 사람들이나 전문가나 똑같은 정도로 냄새를 감지하지만, 전문가는 똑같은 감각 정보라도 활용을 잘하는 인지 능력이 훈련되었다는 것이 보통 사람들과 다른 점입니다.

훈련된 조향사가 새로운 향수를 쉽게 분류하고, 숙련된 포도주 전문가가 와인을 잘 구분하지만 이것은 후각 능력보다 훈련된 기억에 의지합니다. 다시 말해 전문가의 강점은 후각 능력이 아니라 지적 능력에 있으며 이것은 규칙적인 연습에 달려 있습니다. 또한 전문가의 식별 기술은 정보가 서로 일치할 경우에 국한됩니다. 인위적으로 정보를 조작하면 구분하지 못합니다. 예를 들어 화이트 와인에 붉은 색소를 섞어 레드 와인으로 만들었을 때 전문가들조차도 그 와인으로부터 고급 레드 와인 특유의 향이 난다고 말하는 것을 볼 수 있습니다.

이처럼 와인 전문가들은 보통 사람보다 특별한 혀나 코를 가지고 있지 않지만 특별한 뇌를 가지고 있다고는 볼 수 있습니다. 소믈리에의 뇌를 찍은 영상 자료를 보면, 와인의 맛을 볼 때 비전문가의 뇌와는 상당히 다르게 활동한다는 것을 알 수 있습니다. 소믈리에가 와인을 한 모금 마시면 그의 뇌는 맛과 냄새의 정보가 수렴하는 영역에서의 활동이 강화되는 것을 보여줍니다. 이 영역에서의 활동이 강화됨으로써 소믈리에는 향미의 효과를 보다 섬세하게 지각하는 것으로 보입니다.

뇌의 좌반구는 분석적인 과정을 담당하므로, 위와 같이 활동이 강화된다는 것은 소믈리에가 보통 사람들에 비해 보다 지적으로 맛을 경험한다고 말할 수 있습니다. 또한 와인을 삼킬 때 소믈리에의 뇌는 기억, 언어, 결정 등과 같은 보다 고차원적인 인지 기능과 관련이 있는 영역에서 더욱 큰 활동을 보여줍니다. 이 영역에서의 활동이 증가됨으로써 소믈리에의 분석적인 감미 경험이 한층 더 강화됩니다. 이러한 뇌 영상 연구 결과는 소믈리에들이 가진 진정한 기술에 대해서도 잘 설명해줍니다.

소믈리에의 해박한 지식은 그들로 하여금 보다 쉽게 수많은 향미의 종류를 알아내고, 범주화하고 기억하게 해줍니다. 이 향미들은 포도의 품종이나 생산 과정에 따라 결정되기 때문입니다. 이러한 지식과 시음 훈련이 없다면, 아무리 와인을 즐기고 자주 마시는 사람이라 하더라도 포도주를 구분하기는 쉽지 않습니다. 전문가를 만드는 건 특별한 지적 능력과 사고 과정입니다. 단지 더 뛰어난 후각적 심상 능력을 가지고 있는 것입니다. 특정 음식의 냄새를 떠올리고, 성분을 섞었을 때 어떤 냄새가 날지 상상할 수 있는 능력이 핵심입니다.

너무 과민해서 불행한 사람들

산혹 화학 물질로 인해 과민증을 앓는 사람들이 있습니다. 그들은 화학 물질에 너무 민감해서 아주 옅은 향수 냄새만 맡아도 증상이 나타난다고 주장합니다. 이들이 느끼는 고통은 심각해 향수를 뿌린 사람과 냄새가 나는 장소를 피하기 위해 바깥출입을 못하는 경우까지 있습니다.

한 여성은 과민증 때문에 가족과 함께 애리조나 사막으로 이주했습니다. 사막에 고립되어 무독성 금속과 타일로 주문 제작한 트레일러하우스에 살면 문제가 해결될까 싶어서였다고 합니다. 원인이 뚜렷하지 않지만 과민증 환자들에게는 한 가지 공통점이 있습니다. 자신이 다른 이들보다 훨씬 냄새에 민감하다고 생각한다는 점입니다. 하지만 구체적 실험을 통해 일반인의 후각 민감도와 비교해보면 별 차이가 없습니다. 단지, 냄새에 반응하는 방식에 차이가 있는 것이죠.

과민증 환자들은 장미향을 일반 사람보다 덜 유쾌하다고 느끼며 그 냄새를 맡으면 눈과 코, 목의 통증을 느낍니다. 한 실험에서 과민증 환자를 10분 동안 냄새가 없는 공기와 거의 감지할 수 없는 수준의 이소프로필알코올소독용 알코올 냄새가 있는 공기에 노출시켰습니다. 일반인은 10퍼센트만이 어느 한 조건에서 육체적 증상을 말했습니다. 반면, 과민증 환자의 30퍼센트가 냄새가 있는 공기와 냄새가 없는 공기 모두에서 증상을 말했습니다. 이것은 그들의 과민증이 화학 물질에 민감한 감각 때문이 아니라 불안감 등 위험에 민감해진 심리적 영향 때문이라는 것을 보여줍니다.

세상에는 음악공포증을 겪는 사람도 있다고 합니다. 맥도널드 크리츨리Macdonald Critchley는 1937년 음악으로 인한 간질 발작으로 고생하는 11명의 환자 사례를 보고한 논문을 냈습니다. 환자 중 니코노프Nikonov라는 저명한 음악 비평가가 있었는데, 오페라 〈예언자〉를 연주할 때 처음 발작을 일으킨 후 점점 민감해져 아무리 조용한 음악을 들어도 온몸에 경련이 일어나는 증세를 보였습니다. 결국 엄청난 지식과 열정이 있었음에도 음악을 완전히 포기해야 했죠.

음악이 일으키는 발작은 유형이 매우 다양합니다. 어떤 이는 온몸에 경련이 일고, 자기도 모르게 넘어지고, 혀를 깨물고, 완전히 멍한 상태에 빠지거나, 의식과 기억을 잃고 숨을 헐떡이는 등 간질 특유의 증상을 보입니다. 이처럼 뇌는 우리를 통제하기 힘든 민감성의 상태로 만들기도 합니다. 간혹 예민한 감각, 과민한 감각을 자랑하거나 부러워하는 분들이 있는데 그럴 필요가 전혀 없습니다.

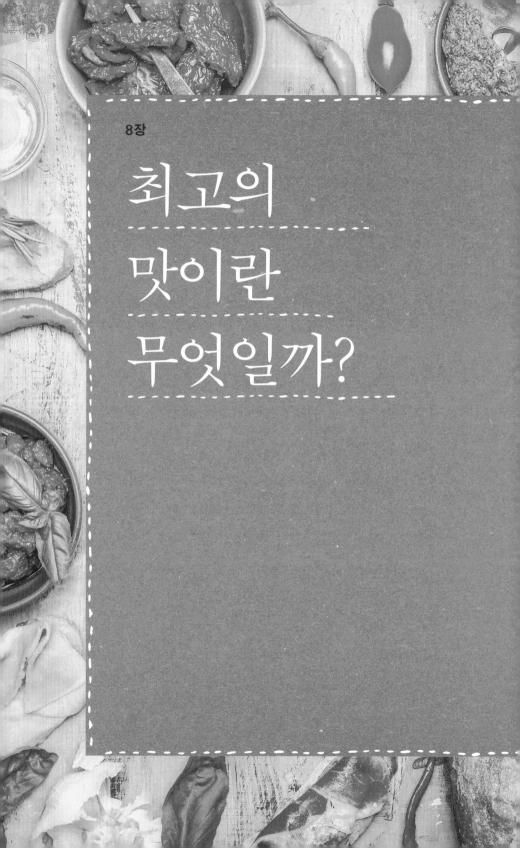

8장

최고의
맛이란
무엇일까?

- 이상적인 맛이란 무엇일까
- 맛의 바탕은 익숙함이다
- 맛은 사회적인 현상이다
- 남이 아닌 내가 원하는 맛을 찾자

이상적인
맛이란
무엇일까

본연의 맛은 결국 이데아다

프랑스 보르도 지방에는 1만 2,000여 개의 메이커가 있고 메이커마다 다양한 와인을 만듭니다. 또한 나라마다 고유의 전통주가 있습니다. 술, 아이스크림, 과자, 과일, 디저트 등 모든 종류를 합하면 세상에는 얼마나 많은 종류의 식품이 있을까요? 그리고 우리는 과연 어떤 기준으로 수많은 음식의 맛을 평가하는 것일까요? 모든 음식을 평가할 수 있는 보편적인 맛의 기준을 세운다는 것은 어쩌면 불가능한 꿈 같습니다. 그나마 맛있는 음식을 말할 때 보편적으로 사용하는 것이 "재료 본연의 맛을 잘 살렸다"와 같은 표현입니다.

'본연의 맛'이란 대체 무엇일까요? 아마 대부분 사람이 아무런 가공도 하지 않은 자연 그대로의 맛을 상상할 것입니다. '좋은 재료는 단순한 조리가 가장 좋다'라는 명제 때문인지 양념이나 조리를 최소화 한 요리를 최고로 치는 경우가 많습니다. 이것은 자연적인 것을 숭배하는 우리의 본질주의적 성향과도 잘 들어맞습니다.

세상에 인위적 노력이 들어가지 않은 요리가 있을까요? 아무 것도 가공하지 않은 것 같은 생선회에도 많은 인위적인 행위가 들어 있습니다. 일단 횟감의 선택부터가 고도의 인위적 노력이죠. 아무 생선이나 쓰지 않고 회에 적합한 어종을 고르고 제철과 생선의 크기성숙도를 따집니다. 보관 온도와 기간에도 규칙이 있습니다. 생선을 통째로 먹지 않고 껍질과 뼈를 발라내 먹기 좋게 회를 뜹니다. 그리고 가장 어울리는 양념인 와사비, 간장 등을 곁들입니다.

생선회가 생선 본연의 맛이니 최고의 맛이라고요? 예전에는 생선회에 심한 거부감을 가진 사람나라이 많았습니다. 가열하지 않은 생선은 먹을 만한 음식이 아니라고 외면당한 것이죠. 고기를 육회로 먹는 것, 구워서 먹는 것, 잘 숙성해서 먹는 것 중 어느 것이 가장 본연의 맛일까요? 결론 내리기가 쉽지 않습니다. 결국, 우리가 꿈꾸는 본연의 맛은 있는 그대로 아무것도 개입하지 않은 무작위적인 맛이 아닙니다. 농작물과 축산물 자체는 이미 인간이 개입해 선별하고 개량한 인위적 상품입니다.

우리가 말하는 본연의 맛이란 그 음식이 가질 수 있는 이데아적인 맛과 비슷합니다. 생감자를 감자 본연의 맛이라고 하면서 즐기는 사람은 없고, 감자로서 구현 가능한 맛 중에서 가장 이상적인 맛을 본연의 맛이라고 하는 경우가 많습니다. 바나나도 실제 아무렇게나 고른 바나나의 맛이 본연의 맛이 아닙니다. 여러 바나나를 먹어본 경험 속에서 머릿속에 만들어진 가상의 표준제품이 있고, 이 표준제품에서 좋아하는 측면이 좀 더 강조된 맛이 본연의 맛이라고 칭송받는 편이죠. 그러니 실제 바나나보다는 바나나 우유의 맛이 우리 머릿속에 있는 바나나 본연의 맛에 더 가까운 셈입니다.

이렇게 말하면 가공식품의 맛이 무슨 본연의 맛이냐고 화내는 사람도 있을 겁니다. 식품은 보수적이라 식품회사는 맛을 맞출 때 항상 머릿속에서 그리는 가장 딸기 같은 딸기 맛, 바나나 같은 바나나 맛을 구현하려고 하지 개성 있는 맛을 구현하려고 노력하지 않습니다.

결국 본연의 맛은 평균적인 특성에서 장점이 더욱 강화된 이상적인 맛, 또는 이데아적인 맛이라고 하는 것이 좀 더 실체에 가깝습니다. 그리고 이것은 뇌에서 만들어지는 역동적인 표상이라 경험에 따라 달라지며, 멀리서 보면 알 듯하지만 구체적으로 다가가면 흐릿해지는 존재입니다. 그래서 맛은 항상 어려운 것 같습니다.

사랑받는 맛에는 표준이 있다

한 한국인 대학생이 유학시절 프랑스 부르고뉴의 디종 지방에 사는 이탈리아계 여성과 사귀었는데 그녀의 가족은 다른 지방의 와인은 거들떠보지도 입에 대지도 않았다고 합니다. 여자친구 덕분에 약 3년 동안 부르고뉴 와인만 마셔온 그 젊은이는, 나중에 다른 지방의 와인을 마시면 쉽게 맛을 구별할 수 있게 되었죠. 막연하게 맛이 다르다고 감지하는 수준이 아니라 향기와 여운, 밸런스, 색의 차이까지 확연하게 알 수 있게 되었습니다. 부르고뉴 와인에 대한 평가 기준이 형성됐기 때문입니다.

외국인들은 종종 이렇게 말합니다. "한국 사람들은 얼굴이 모두 비슷해서 잘 구별이 안 된다"라고요. 우리 역시 외국인을 잘 구분하지 못합니다. 우리에게는 여러 분야에서 오래전부터 자주 보면서 갖게 된 인식모형, 즉 '전형적인 형태'가 있습니다. 그래서 처음 보는 한국 사람을 만나도 원래 갖고 있는 한국인에 대한 인식모형이 있기 때문에, 그 모형과 차이점만 파악해 어렵지 않게 사람을 구별하고 기억할 수 있죠. 하지만 자주 보지 못한 외국인의 경우 그런 모형이 없기 때문에 구별이 어렵습니다. 사실 스스로 고유함은 알지 못합니다. 독특함은 낯선 것과의 대조를 통해서만 알 수 있습니다.

익숙함은 나름의 표준을 만듭니다. 표준이 비교와 소통의 기준이 되고, 익숙함과 친숙함이 결국 시장의 형성에 큰 역할을 합니다. 스포츠나 게임의 룰이 통일되어야 시장이 커지는 것과 마찬가지 원리입니다. 맛에 표준이 있다고 하면 의아할지 모르지만 진정한 마니아의 세계에는 항상 표준이 있습니다. 예를 들어 냉면의 경우 상당히 단순한 구성이라 면발, 육수, 고명에 대한 표준이 있습니다. 서로 비교하면서 우열을 가리기도 하고, 자신에게 최고인 것은 "이러저러한 조건을 갖춘 어디 식당의 냉면이다"라고 구체적인 기준으로 평가가 가능합니다.

커피에는 많은 메뉴가 있습니다. 그래도 아메리카노, 라떼, 카푸치노 하면 소비자의 머릿속에서 그려지는 기본적인 맛이 있습니다. 그것을 기준으로 평가와 소통이 가능하죠. 이처럼 머리에서 떠오르는 것이 없으면 표준이 없는 것입니다. 커피와 비슷한 기능의 음료는 녹차입니다. 그런데 녹차에는 마땅한 표준이 없습니다. 어떤 녹차가 좋은 녹차인지 말하기 힘들고, 그래서인지 아직 커피보다 사람들의 관심을 받지 못하고 있습니다.

익숙한 음식이 주는 감동

복잡한 단계를 거쳐 힘들게 만들지만 결과물은 단순한 것, 그러면서도 심오한 느낌이 드는 음식은 예술적인 감동마저 들게 합니다. 이런 경지는 많은 요리사가 꿈꾸는 최고의 목표 중 하나죠. 여러 가지 향신료를 첨가하거나 복잡한 조리과정을 거쳤지만 맛이 일관성이 있으면서 미묘함과 깊이가 있을 때 맛있다고 느낍니다. 맛과 향이 어울려 어디까지가 맛이고 향인지 구분되지 않고, 맛과 물성이 일치해 물성 때문에 맛있는지 맛 때문에 맛있는지 모호하며, 향과 향이 어울려 한 가지 향인지 여러 향의 조합인지 구분이 되지 않을 때, 비로소 깊이가 생깁니다. 이런 맛의 섬세함에 감동하려면 충분한 경험이 필요합니다.

화려한 요리보다 단순하고 익숙한 음식에서 깊은 감동을 느낄 때가 많습니다. 달걀구이나 밥은 누구에게나 익숙한 음식입니다. 한 번쯤 이런 경험 없으신가요? '단순한 밥인데 왜 이렇게 맛있지?' '그냥 달걀구이인데 왜 이렇게 맛있지?' 하고 느껴지는 순간 말입니다. 그 순간에는 잊지 못할 감동이 오기도 합니다. 아무나 할 수 있는 요리를 아무도 따라 하기 힘든 수준으로 할 때, 분명 익숙한 재료만을 사용했는데 한 번도 느껴보지 못했던 깊이를 보여줄 때 우리는 진정으로 감동합니다.

요즘 가장 뜨겁게 언급되는 음식이 평양냉면입니다. 주요 음식 프로그램에서 잇따라 조명되고 있습니다. 그러다 보니 "어디가 가장 맛있다"는 입씨름을 넘어 "너 설마 비빔냉면 먹니?", "가위로 면 자르지마", "식초와 겨자는 죄악이야" 등의 많은 훈수가 등장합니다. 이런 훈수를 불편해 하는 반응도 물론 있습니다. 음식을 즐기고 바르게 먹는 법을 따지는 건 유별나거나 새로운 현상이 아닙니다. 최근 평양냉면에 유난히 훈수가 넘쳐나는 이유는 그만큼 이 음식이 사람들의 사랑을 받고 있기 때문입니다. 처음에는 밍숭하지만 육수 국물에 메밀향이 살아 있는 면발을 거듭 먹다 보면 '평뽕'평양냉면을 마약에 빗대는 말에 빠져들게 된다는 것이 예찬론자들의 고백입니다. 담백하기 때문에 단번에 빠져들기는 힘들지만, 감각을 집중해서 먹다 보면 그 매력에 빠질 수밖에 없다고 하니 '일정한 경지에 올라야 아는 맛'이라는 자부심도 평양냉면의 매력에 큰 부분을 차지하는 것 같습니다.

간혹, 음식을 즐기는 방식에 있어 다른 사람에게 자신의 원칙을 강요하는 사람이 있습니다. 즐기면서 먹어야 할 음식이 연구하고 공부해야 할 대상이 되면 '미식 피로감'이 생기기 쉽습니다. 그리고 음식에 있어 표준에 너무 집착하면 맛의 다양성이 사라집니다. 획일화된 음식이 공산품과 무슨 차이가 있을까요?

새로운 음식을 열망하는 사람들

요리사나 식품연구원이 되고자 하는 사람은 세상에 없는 신제품이나 새로운 요리를 꿈꿉니다. 마치 새로움을 추구하지 않는 것은 연구원의 기본 자격이 아닌 것처럼 말입니다. 소비자도 새로운 메뉴가 나오면 호기심을 가집니다. 특정 제품이 맛있다고 소문이 나면 꼭 찾아가 먹어봐야겠다고 결심을 하죠. 너무나 당연시 여겨지는 새로움의 추구는 인간만이 가진 독특한 특징입니다. 가령, 실험쥐에 여러 가지 맛의 음식을 주면 한 가지만 계속 먹으려고 하지 번갈아 먹지 않습니다. 먹을 것이 있는데 다른 새로운 음식에 흥미를 가지지는 않죠.

반면, 인간은 끊임없이 새로운 먹거리를 찾습니다. 그런 욕망 DNA은 어디에서 기인한 것일까요? 새로운 먹을거리를 찾아야 생존에 유리하다는 인간 진화의 가르침일 것입니다. 인류가 성공적으로 진화한 역사를 뒷받침한 것은 끊임없는 음식의 발굴이었습니다. 다른 동물은 편식을 합니다. 먹던 것만 계속 먹죠. 하지만 인간은 온갖 다양한 먹거리를 찾았습니다. 너트류의 두툼한 껍질을 까고, 땅속에 묻혀 보이지 않는 식물의 뿌리를 캐내고, 독성이 있어서 다른 동물은 먹지 못하는 것을 가공하고 요리해 먹습니다. 인간만큼 다양한 먹을거리를 다양한 방식으로 가공해 먹는 동물은 없습니다.

새로움을 추구하는 것은 인간의 독특한 본능이지만, 안전의 욕망보다 강하지는 않습니다. 익숙함의 바탕에서 새로움이 꽃피우는 것이죠. 익숙함은 과거에서부터 먹어온 안전한 먹을거리가 주는 감각일 것입니다. 해외여행을 갈 때 라면을 바리바리 챙기는 사람이 많습니다. 국내 있을 때는 일부러 외국 음식을 찾아 먹으면서 새로움을 즐기지만, 낯선 외국에 나가서 새로움이 쏟아질 때는 가장 익숙한 라면이 주는 감동이 큰 탓일 것입니다.

낯선 환경일수록 익숙한 음식이 위안을 주고, 익숙한 환경에서는 새로움이 즐거움을 주지요. 인간은 이런 새로움이 주는 긴장의 쾌락과 익숙함이 주는 이완의 쾌락이라는 상반된 욕망의 충돌과 조화 속에서 발전해왔습니다.

맛의
바탕은
익숙함이다

'엄마 손맛'과 '고향의 맛'

예전에 맛있는 음식이라고 하면 무조건 엄마가 해준 맛을 꼽았습니다. 오죽하면 한 조미료 광고의 카피가 '고향의 맛'이었죠. 사람마다 고향이 다른데 어떻게 한 가지 조미료로 모든 사람에게 고향의 맛을 제공할 수 있다는 건지 알 수 없지만 그만큼 '엄마 손맛'과 '고향의 맛'은 좋은 맛을 상징하는 단어였습니다.

음식은 우리에게 생존 이상의 의미를 가집니다. 인간관계에도 밥이 빠질 수 없고 조상이나 신과의 만남, 고향이나 모국의 추억, 그리움에도 밥이 매개합니다. 가족이란 핏줄과 함께 입맛을 나눈 사이고, 그래서 명절이면 함께 모여 음식을 마련하고 입맛을 나누었습니다. 고향 사람을 만나는 것은 고향의 음식을 나누는 것이었고요. 고향의 음식이라는 이유로 인간은 때로 악취가 나는 음식도 기꺼이 먹습니다. 스웨덴에는 수르스트뢰밍, 대만에는 취두부, 일본인에는 납두청국장, 우리에게는 홍어가 있지요. 밥상머리를 마주하는 가족은 밥을 함께 먹는 '식구食口'가 되고, 이 외연은 더욱 넓어져 한 직장에서 함께 일하는 동료는 '한솥밥' 먹는 사이가 됩니다. 한솥밥을 강화하는 의미는 회식으로 이어지며, 함께 밥 먹고 술 마시는 사이로 진전됩니다.

최근에 회사에서 승진하고 싶으면 식사 때 회사 상사와 같은 음식을 주문하라는 연구 결과도 있습니다. 미국 시카고대학교 연구팀은 우리가 관리자들, 혹은 심지어 전혀 모르는 사람일지라도 같은 음식을 선택하면 그들로부터 즉시 신뢰를 얻을 가능성이 크다는 것을 발견했습니다. 일련의 실험에서 급여와 근로 환경에 관한 논의에서 노사 양측이 같은 음식을 선택해 먹으면 훨씬 더 성공적인 합의가 이뤄졌다는 것입니다.

자신과 비슷한 음식 취향을 가진 사람에게 더 큰 신뢰감을 느끼는 것은 사실 너무나 당연한 현상입니다. 음식만큼 감정을 잘 불러오고 신뢰감을 주는 것도 드물기 때문이죠. 엄마 손맛이나 고향의 맛이란 그것에 특별한 재료나 요리법이 있다는 것이 아니고 익숙함과 편안함, 그리고 신뢰감이 있다는 것이 핵심입니다.

최초의 우주 비행사용 식량은 치약처럼 짜서 먹을 수 있는 튜브형으로 개발되었습니다. 가볍고, 안전하고 우주에서 먹기 간편하고, 영양적으로도 훌륭했습니다. 그런데 가장 인내력이 뛰어나다고 뽑힌 우주인은 그 음식을 견디지 못했습니다. 다른 것은 다 잘 참았는데 말입니다. 원래의 형태를 알 수 없게 갈아 놓은 상태에 음식의 질감까지 낯설어 불안감이 배가 된 것입니다. 누구보다 강인한 정신력을 가진 우주인이 낯설고 맛없는 음식만큼은 견디지 못한 것을 보면 음식의 의미는 여러모로 대단한 것 같습니다.

　이후 우주 식품은 더욱 일상적인 음식의 형태로 발전했습니다. 우주인은 최고급 재료와 최고의 영양에 새롭고 건강에 좋은 음식보다 평소에 자신이 집에서 먹던 음식 그 맛 그대로를 우주에서 먹기를 원합니다. 그래서 최대한 그런 욕구를 반영하죠. 왜 우주인은 그 많은 메뉴 중에서 집 밥을 찾는 것일까요? 아마 '위로' 때문일 것입니다. 춥고, 비좁고, 삭막하기까지 한 우주에 있을 때는 뭔가 편안하고 친근한 것을 갈구하게 마련입니다.

　집에서 먹던 것과 똑같은 음식은 마치 집에 있는 듯한 편안함과 안도감을 줍니다. 맛냄새은 기억중추를 자극해 우리를 추억과 즐거움 속으로 데려갑니다. 새로운 자극은 짜릿한 쾌감을 주지만 그와 동시에 스트레스와 피로도 줍니다. 이런 스트레스를 잠

재우는 가장 쉽고 강력한 방법이 익숙한 음식이 주는 편안함과
안도감입니다.

맛은
사회적인
현상이다

사회성과 맛의 관계

뇌의 크기는 대체로 몸 크기에 비례하여 커진다. 그런데 인간은 몸에 비해 유난히 뇌가 크다. 가장 설득력이 있는 설명은 사회성과의 관련이다. 1990년대 로빈 던바의 연구에 따르면 신피질의 비율과 가장 상관관계가 높은 것은 인간의 사회적 능력, 즉 집단의 크기이며 인간의 경우 150명 정도와 원활한 관계를 유지할 수 있다고 추정했다. 그리고 기원전 6,000년부터 기원 후 1,700년대까지 마을의 평균 크기를 추산한 결과 구성원이 150명 정도였다고 하는데 이것을 '던바의 수'라고 한다. SNS에서

인간은 홀로 살 수 없는 존재입니다. 특히 갓난아기는 어미로
부터 잠시라도 보호받지 않으면 살 수 없습니다. 그래서 엄마와
떨어지는 것을 무서워하고, 떨어지면 심하게 웁니다. 나중에 어
른이 되어서도 누군가에게 버림받는 일은 마음에 큰 상처를 줍
니다. 나의 정체성은 홀로 형성된 것이 아니고 철저하게 사회와
문화 속에서 만들어집니다. 자신의 의지와 사상, 세계관을 스스
로 결정하는 것이 아니라 자신을 둘러싼 자연적 환경과 사회적
환경의 상호작용으로 결정되고 변화합니다. 우리는 태어나면서
부터 항상 사회 환경에 둘러싸이기 때문에 잘 의식하지 못하고
그것의 영향을 과소평가합니다. 의식이 삶을 규정하는 것이 아
니라, 삶이 의식을 규정하는 것이죠.

사회적 지능과 적응이 중요하기에 자제, 협력, 도덕심은 우리
내면에 본능적으로 깔려 있습니다. 사람들은 조직에 참여하고
봉사하며 인정받는 동시에 보호받고 싶어 합니다. 생존을 위해
항상 본인이 쓸모 있다고 여겨지길 바라고 그것을 통해 성취감
을 느낍니다. 여자는 사랑을 받고 싶어 하고, 남자는 인정을 받

고 싶어 하죠. 오죽하면 남자는 자신을 인정해주는 사람을 위해 목숨을 바친다는 말이 있을까요.

나는 《맛의 원리》를 쓰면서 맛의 구성 요소와 그것이 차지하는 비율에 대해 많이 고민했습니다. 모든 요소를 감안해서 평가해보니 감각은 오미오감을 모두 포함해도 맛의 30퍼센트 이상을 설명하기 힘들더군요. 더구나 감각 자체가 아니라 감각의 리듬으로 의미를 확대한 것임에도 그랬습니다. 그런데 사회성을 위한 뇌의 역할을 공부하자, 맛의 20퍼센트 정도는 사회적인 뇌의 현상이 아닐까 하는 생각이 들었습니다. 사회적인 뇌의 현상으로 맛의 현상에 대한 마지막 실타래가 풀리는 것 같아서 나는 정말 즐거웠습니다. 뇌가 사회성을 추구하는 성향이 맛의 현상에 있어 중요한 변수 중 하나라는 것은 확실히 알아둘 필요가 있습니다.

자연산은 양식보다 맛이 좋을까

보통 자연산은 식감이 좋고, 양식은 지방 함량 좋다고 하지만 꼭 그렇다는 보장은 없습니다. 가령, 드넓은 초지에 방목한 호주산 쇠고기가 공장식 축산 소고기보다 맛있을까요? 호주산은 운동량이 많고 지방이 적어 근육이 질기고 특유의 취가 있는 반면,

좁은 축사에 가둬 사료를 먹여 키운 소고기는 지방이 많고 근육은 부드러워 너 맛있는 경우가 많습니다.

생선 역시 마찬가지입니다. 자연산 식감이 양식보다 늘 뛰어난 것은 아닙니다. 바다낚시로 막 건져 올린 생선을 그 자리에서 회로 먹는다면 식감 하나만은 뛰어날 것입니다. 그런데 그물로 잡는 과정에서 생선은 위기에서 벗어나기 위해 몸부림을 치는데, 도중 심한 스트레스를 받아 식감이 떨어집니다. 그리고 횟집의 좁은 수조에 넣어두면 자연산이 양식에 비해 훨씬 많은 스트레스를 받습니다. 양식은 부화 후 줄곧 좁은 공간에서 생활해 수조 안에서도 스트레스를 상대적으로 덜 받고요. 심한 스트레스에 시달린 자연산은 식감이나 맛이 급격히 나빠지지요. 사실 영양도 양식이 더 좋은 경우가 많습니다. 양식 넙치의 경우 오메가-3 지방 함량이 자연산의 거의 2배에 달하는 것으로 조사되었습니다.

그래도 우리는 여전히 자연산에 훨씬 많은 비용을 지불할 준비가 되어 있습니다. 인간은 자연 속에 뭔가 숨겨진 힘이나 탁월함이 있다고 믿는 본질주의자들이기 때문입니다. 토종, 야생, 자연산 등에 더 특별한 장점이 있다고 믿는 것은 어쩔 수 없는 우리의 본능입니다.

허니버터칩의 인기 비결

2014년에 출시된 허니버터칩은 정말 인기가 많아서 구하기 힘들다는 원성이 자자했습니다. 물건이 계속 모자라도 라인 증설을 쉽게 결정하지 못했죠. 공장을 증설하면 다른 유사한 경우처럼 매출이 급락할 수 있다는 우려 때문이었습니다. 희소하면 할수록 더 많은 사람이 열광하지만 희소성이 떨어지면 순식간에 인기가 떨어지는 경우가 대부분이었습니다.

이 희소성의 추구에도 자신의 능력을 과시하려는 욕망이 담겨 있습니다. 아래는 스티븐 폴의 《미식쇼쇼쇼》라는 책에 소개된 중세1811년에 출간된 요리책의 내용 중 일부입니다.

"새 속에 새를 넣어 17마리의 새들로 속을 채운 요리, 즉 칠면조 속에 칠면조를 채우고, 그 속에는 거위를 넣고, 그 속에는 꿩을 넣고, 그 속에는 닭을 넣고, 그 속에는 오리를 넣고, 그 속에는 뿔닭을 넣고, 그 속에는 작은 오리인 쇠오리를 넣고, 그 속에는 누른도요새를 넣고, 그 속에는 자고새를 넣고, 그 속에는 검은가슴물떼새를 넣고, 그 속에는 댕기물떼새를 넣고, 그 속에는 메추라기를 넣고, 그 속에는 개똥지빠귀를 넣고, 그 속에는 종달새를 넣고,

그 속에는 멧새를 넣고, 그 속에는 정원솔새를 넣

고, 그 속에는 올리브를 넣는다."

　도대체 왜 이렇게 복잡한 요리를 만든 것일까요? 가장 근본적
인 이유는 사회성을 중요시하는 뇌가 만든 인정받고자 하는 욕
망입니다. 원시시절 남자는 남들이 잡지 못하는 큰 사냥감을 잡
는 것으로 자신의 능력을 과시해 공동체에서 인정받는 것이 가
장 큰 즐거움이었습니다. 또한 중세 유럽에는 구하기 힘든 먼 나
라의 이국적인 향신료와 식품을 사용하는 것이 능력 있는 사람
이라 인정받는 가장 흔한 방법이었습니다.

　쉽게 얻기 힘든 큰 사냥감, 남들이 갖기 힘든 희귀한 것을 확
보하는 일은 이기적인 욕망이기도 하지만 그것을 본인이 전부
차지하지 않고 남들에게 나누어 주려는 이타성 때문이기도 합
니다. 자신은 명성을 취하는 데 만족하는 것이죠. 그런 이타성은
조직이 잘 유지되게 하는 힘이기도 했습니다.

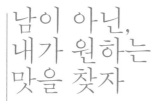

남이 아닌, 내가 원하는 맛을 찾자

타인의 욕망은 나의 맛이 아니다

사회적인 뇌가 만들어내는 현상을 통해야 비로소 이해되는 맛의 현상은 너무나 많습니다. 우리는 타인의 욕망을 욕망하면서 산다는 자크 라캉Jacques Lacan의 말이 무엇을 의미하는지 곰곰이 생각해볼 필요가 있습니다. 우리가 욕망하는 것은 대부분 타인의 욕망이기 때문입니다.

남들이 좋아하는 것을 나도 좋아하고, 남들이 하고 싶은 것을 나도 하고 싶어 하고, 남들이 갖고 싶어 하는 것을 자신도 갖고 싶어 합니다. 애플에 다니는 사람에게 최고의 보상은 많은 급여나 좋은 근무 환경보다 "나 애플에 다녀"라고 했을 때 주변에서 알아봐주고 부러워해주는 것이라고 합니다. 국내 대기업에 다니는 사람도 마찬가지일 것입니다. 타인이 다니고 싶어 하는 직장에 다니고, 타인이 갖고 싶어 하는 것을 가지는 것만큼 큰 즐거움도 없습니다. 인간의 사회적 본능이 그렇게 설계되어 있기 때문입니다. 그래서 우리는 그런 것을 SNS에 자랑하면서 더욱 만족감을 높입니다.

심지어 골프, 해외여행 같은 개인적인 활동에도 그런 욕망이 있습니다. 남들이 알아봐주는 운동을 해야 더 운동할 맛이 나고, 남들이 부러워할만한 여행을 해야 여행이 더 즐거운 것입니다. 우리는 꾸준히 남들이 좋아하는 것을 자신의 욕망으로 전이해서 자신의 존재감을 확인 받고 싶어 합니다. 심지어 사회 전체가 타인의 욕망을 강요하기도 합니다. '열심히 공부해서 좋은 대학에 가라', '좋은 직장에 취직해 돈을 많이 벌어라' 등이 그것이죠.

주변에서 모두 거기에 몰두해 있고 본인도 열심히 그것을 따라 하기에 그것이 자신의 욕망인지 타인의 욕망인지 구분하지 못합니다. 진짜로 자신이 원하는 것이 무엇인지 한 번도 고민해보지 못하고 어렸을 때는 부모의 욕망에, 커서는 타인의 욕망에 매몰됩니다. 자신의 욕망을 욕망해볼 기회를 처음부터 거세당한 것입니다.

사실 뇌는 타인의 욕망을 욕망하도록 설계되어 있습니다. 우리의 뇌가 세계상을 만드는 과정에서 가장 많이 관여하는 것이

'따라 하기'입니다. 뇌에는 따라 하기 전문 뉴런인 미러뉴런이 있죠. 그리고 인간은 실로 위대한 흉내 내기 챔피언입니다. 침팬지는 어미가 딱딱한 견과류 열매를 깨 먹는 기술을 보고 그것을 따라 하는 데 몇 년이 걸리기도 하는데 인간은 단번에 따라 합니다. 이 흉내 내기 기술은 어디에나 적용됩니다.

가령, 누가 웃으면 아기도 따라 웃습니다. 누가 하품할 때면 옆 사람도 곧 하품을 하죠. 이 흉내 내기가 사실은 모든 학습의 가장 기본이 되는 행위이고 문화 형성의 기반이기도 합니다. 그래서 남들이 맛집에 가면 자기도 따라서 그 맛집에 가서 줄을 서야 하고, 남들이 맛있다고 하면 자신도 먹어봐야 직성이 풀리고, 맛있다고 말합니다.

뇌에는 안면인식 영역FFA, Fusiform face area이 따로 있습니다. 몸 전체를 느끼는 부위가 따로 있고, 배경과 사물을 인식하는 부위가 따로 있는데, 여기에 추가적으로 얼굴만을 인식하는 부위가 따로 있을 정도로 뇌는 유난히 얼굴 인식에 많은 투자를 합니다. 사실 얼굴은 다른 부위보다 감각 수용체도 많고 미세한 근육도 많습니다. 그래서 다른 부위보다 아주 세밀하게 움직여 눈빛과 얼굴 표정으로 많은 정보를 소통할 수 있습니다. 매일 만나는 수많은 타인의 얼굴에서 표정을 읽고 그들이 무엇을 좋아하고 원하는지를 파악합니다. 그것은 무의식중 행동 하나하나에 반영

됩니다. 우리는 타인의 표정 속에서 살고 있고, 타인의 행동에는 나의 표정이 반영되어 있는 것입니다.

음식의 맛은 먹는 사람의 표정으로 금방 알 수 있습니다. 아이가 음식을 맛있게 먹으면서 행복한 표정을 짓는 것을 보면 자신이 맛있는 것을 먹는 것보다 더한 즐거움과 행복감을 느낍니다. 가족과 친척을 넘어서, 힘들게 구한 음식을 나누고 즐거운 모습에 큰 기쁨을 느낄 줄 아는 인간의 특성이 거대한 사회를 만들고 찬란한 문화를 성취한 배경이 되었겠지요. 인간의 모방 본능이 공감 능력을 만들고, 욕망과 욕망이 유기적으로 연결되고 상호 작용하고 조율되어 문화와 예술을 창출한 것입니다.

그런데 그것의 부작용도 있습니다. 타인의 욕망과 자기 자신이 진짜 원하는 것을 구분하기 힘들다는 것과 타인의 평가나 시선을 지나치게 의식한다는 것입니다. 물론 남들의 인정과 사랑을 갈구하고, 좋지 않은 평가나 시선을 받으면 괴로워하는 것이 도덕심의 바탕이고 인간다운 일이겠지만 과도하게 매몰되거나 집중하면 불행해집니다. 가끔은 타인의 욕망으로부터 자유로워지는 것을 욕망해보는 것이 행복을 느끼는 좋은 방법입니다.

우리는 사람마다 다른 감각을 타고났는데 남들이 맛있다고 하면 자신도 맛있다고 느껴야 정상이라고 생각하고, 자신의 취향에는 왜 그렇게 자신이 없을까요? 남들이 수입 맥주가 맛있다고 하면 자신도 수입 맥주가 더 맛있다고 느껴야 정상처럼 느끼고, 평양냉면이 인기라고 하면 함흥냉면 대신 평양냉면을 먹어야 할까요? 자신의 취향과 욕망을 제대로 아는 것이 같은 비용과 노력으로도 좀 더 품위 있고, 행복하게 사는 데 도움이 되지 않을까요? 평생을 남의 욕망만 욕망하느라 한 번도 자신의 욕망대로 살아보지 못한다면 무척 아쉬울 것 같습니다.

맛은
뇌가 그린
풍경이다

맛은
감각에서
시작된다

발견하는 맛의 즐거움

맛은 뇌가 그린 풍경입니다. 뇌에는 각자의 경험이 만든 풍경이 있고 감각은 그 풍경을 따라 흐르면서 풍경을 조금씩 바꾸어 놓습니다. 결국 맛의 절반은 감각에서 오고 나머지 절반은 이런 하향식 흐름에서 오지요. 입체적이고 섬세한 풍경을 가진 사람은 음식의 조그마한 차이에도 깊고 화려한 감동을 느낄 수 있고, 작고 밋밋한 풍경을 가진 사람은 맛에 무관심하게 살 수 있습니다. 그래서 맛은 기억이고, 각자의 인생이라고도 합니다.

맛을 연구하다 보니 뇌의 작동원리를 모르면 반쪽짜리 지식에 불과하다는 생각에서 뇌의 작동원리를 공부했습니다. 그 결과, 핵심은 '내 눈앞에 보이는 것은 눈으로 본 것이 아니고 그 정보를 참고로 뇌가 그린 그림이다'였습니다. 바로 내 눈앞에 펼쳐진 이 생생한 시각이 눈으로 본 것이 아니고 뇌가 그린 그림3D 벡터 그래픽이라는 것을 이해하는 순간 너무나 많은 현상을 일관되게 설명할 수 있었습니다. 맛도 마찬가지로 뇌가 그린 그림입니다.

만약 감각 없이도 뇌가 멋대로 그림을 그리면 우리는 그것을 환각이라고 합니다. 약간 엉터리로 그리면 착각이라고 하고 잠잘 때 그리면 꿈이라고 합니다. 의식이 있을 때 감각하는 것과 일치하게 그리면 지각이라고 하죠. 우리는 딱 뇌가 그린 만큼만 보고, 느끼고, 이해할 수 있습니다.

혀나 코에는 감각세포가 있고, 감각세포의 끝에 많은 감각 수용체가 있어 자신의 모양과 일치하는 분자가 오면 결합해 전기신호를 뇌로 전달합니다. 세상에는 맛이나 향을 내는 분자는 없고 단지 3,000만 종이 넘는 다양한 형태의 분자가 있을 뿐입니다. 이들 중에 극히 일부가 내 몸의 감각 수용체와 결합해 전기적 신호를 만들어 뇌의 특정 부위에 펄스 형태로 전기를 전달합니다. 수많은 분자 중 내 몸이 감각할 필요가 있는 분자에 대해 몸이 해당 수용체를 만들어 느끼는 것일 뿐, 그 분자 자체에는 맛이나 향, 욕망이나 의지가 없습니다.

따라서 "왜 설탕은 달고 소금이 짠가?" 하는 질문은 틀렸습니다. "왜 우리의 몸은 설탕이라는 분자는 달게 느끼고 염화나트륨이라는 분자는 짜게 느끼도록 진화했을까?" 하는 깃이 올바른 질문입니다. 맛과 향은 존재하는 것이 아니고 인간이 애써서 느끼는 것입니다. 음식을 보고 "이 음식은 왜 이렇게 맛있는 것일까?" 보다는 "우리 몸은 왜 이런 음식을 맛있다고 느끼게 진화해 왔을까?" 하는 것이 훨씬 제대로 된 질문인 것입니다.

그동안 과학은 수많은 감각의 비밀을 밝혀냈습니다. 한 가지 아쉬운 점은 감각의 결과가 전달되어 어떻게 재구성되는지에 대해서는 아직 설명하지 못한다는 것이죠.

끊임없이 재구성되는 감각들

며칠 전 잠을 자다가 한밤중에 더워서 잠을 깼는데, 갑자기 매미 소리가 굉장히 크게 들리더군요. 그때 매미가 갑자기 크게 운 것일까요? 아니면 내가 갑자기 매미 소리를 시끄럽게 들은 것일까요? 예전이면 당연히 전자라고 생각하지만 지금은 후자가 아닐까 생각합니다. 그런데 그렇게 시끄러운 소리를 듣다가 피곤했는지 어느새 또 잠들었더군요. 대부분 소음은 보통 짜증스럽기 마련입니다. 그렇다면, 거의 아무 소리가 들리지 않는 무반향실anechoic chamber에 가면 조용해서 기분이 좋을까요?

미국 레드먼드에 있는 마이크로소프트 본사에는 세계에서 가장 조용한 방이 있다고 합니다. 조용해서 좋을 것 같은데 무음의 공간을 견디는 일은 보통 어려운 것이 아니라고 합니다. 소리를 질러도 반향되지 않고 마치 베개에 대고 소리를 지르는 것 같은 느낌이고, 20초간 말을 하지 않고 있으면 너무 고요해서 마치 귓가에 윙윙거리는 소리가 들리는 것 같다고 합니다. 5분 정도만 있으면 거의 정신을 잃을 것 같다고 하는군요.

우리는 무음의 공포를 느끼지 못할 정도로 항상 일상의 소음에 노출되어 있습니다. 그리고 그 상태를 편안하게 느끼죠. 다른 여러 감각도 그렇습니다. 미각과 후각, 통각도 평소에 꾸준히 신호를 보냅니다. 우리 몸은 그것을 배경소음으로 여겨서 무미 무취 무통으로 느끼는 것이지 뇌로 아무 신호가 가지 않아서 제로 상태인 것이 아닙니다. 몸은 항상 신호의 재구성을 통해 보정을 하지요. 사실 신경세포가 수명이 있어서 수시로 교체되는데 그런 재구성이 없다면 우리의 감각은 항상 흔들릴 수밖에 없고, 나이와 컨디션에 따라 달라질 것입니다.

냄새를 맡으면 뇌의 후각영역에 그려지는 그림도 유동적입니다. 그럼에도 아무런 문제가 없지요. 노래를 들을 때 사람마다 음색이 다르고 음 높이가 다르더라도 아는 노래인 경우 즉시 알아채는 것과 동일한 원리로 뇌는 작동합니다.

맛은 도파민 분비량에 비례한다

술을 좋아하는 사람은 온갖 핑계로 술을 마십니다. 그런데 알코올은 쓴맛이고, 향 역시 다른 음료에 비해 특별히 매력적인 것은 아닙니다. 더구나 한국인이 좋아하는 술은 소주와 맥주처럼 향이 적은 술입니다. 도대체 사람들은 왜 그렇게 술을 좋아할까요? 2013년 미국 인디애나대학교 신경병리학과 데이비드 카레켄 교수팀은 맥주의 맛이 뇌에서 행복을 느끼게 하는 신경전달물질인 도파민을 나오게 한다는 연구 결과를 발표했습니다.

연구팀은 남성 49명평균 25세을 모아 맥주와 이온음료의 맛을 느낄 때 뇌의 도파민이 어떻게 반응하는지를 양전자단층촬영장치PET로 비교했습니다. 불과 소주잔 반도 안 되는 15밀리리터 가량의 맥주를 15분 동안 조금씩 나눠 마시게 했습니다. 그런데 그 적은 양에서도 이온음료보다 맥주를 맛볼 때 뇌에서 훨씬 많은 도파민이 생성된다는 것을 발견했다고 합니다. 특히 가족 중에 알코올 중독자가 있는 참가자들은 다른 이들보다 도파민이 많이 생성됐습니다.

맛을 한 문장으로 정의해 달라고 하면 나는 "맛은 도파민 분출량에 비례한다"라고 말합니다. 도파민이 다소 생소할 수 있겠지만 세상의 다른 어떤 맛에 대한 정의보다 포괄성이 있고 응용하기 좋습니다. 뇌가 만드는 쾌감의 기본적인 물질은 도파민입니다. 물론 다른 물질도 작용하지만 그냥 도파민이라고 해도 큰 무리는 없습니다.

우리 몸의 온갖 감각세포로 느끼는 결과는 최종적으로는 뇌의 감정 센터인 안와전두피질이라는 영역에 모두 모입니다. 여기에서 결과를 종합 판정해 맛있다고 판단하면 배쪽피개구역VTA, ventral tegmental area과 측좌핵nucleus accumbens을 이용해 도파민을 분출시킵니다. 도파민은 생존과 번식에 유리한 행동에 대한 보상으로 쾌감을 느끼게 하는 호르몬인데, 맛있는 음식은 생존에 도움이 되는 영양이 풍부한 음식이니 맛이 있을수록 많은 도파민이 나오는 것이 당연하겠지요.

이 쾌감의 회로는 음식뿐 아니라 술, 담배, 섹스, 마약 등에도 똑같이 작동합니다. 담배와 마약은 확실하게 생존에 유리하지 않는 행위인데 왜 도파민이 나오는 것일까요? 우리 몸은 완벽하지 않고 딱 살아가기 적당한 정도만 정교한 시스템입니다. 찾아보면 많은 허점이 있지요. 특정 물질은 뇌의 보상 회로에 직접 작용해 도파민 분비를 증가시킵니다. 알코올, 담배, 마약 같은 물질이죠. 물질의 종류별로 작용하는 부위와 도파민 분출량만 차이가 날 뿐입니다.

사실 이 회로는 가족, 친구, 공동체, 만들기, 운동, 음악, 춤, 예술 심지어 공부에 의해서도 작동됩니다. 좋아하는 모든 것에는 작동하는 회로인 것입니다. 따라서 음식 중독, 알코올 중독을 치유하는 방법으로는 선선두엽을 통한 욕망의 통제도 있지만 다른 종류로 쾌감을 분산시키는 것도 좋은 방법입니다. 다른 행복한 일이 많아지면 그만큼 식욕 같은 특정 욕구의 관리가 쉬워집니다. 가령, 아이들은 신나게 놀면 배고픈 줄 모릅니다. 노는 쾌감이 먹는 쾌감을 압도하니, 먹어야 한다는 생각이 들지 않는 것입니다.

감각은
뇌가 만든
착각일까

맛은 입과 코로 듣는 음악

맛의 즐거움은 정말 여러모로 음악의 즐거움과 닮았습니다. 악기마다 음색이 다르듯이 단맛도 음색이 있고 쓴맛도 음색이 있습니다. 똑같은 음악도 독창과 합창이 그 느낌이 다르듯이 똑같은 감칠맛도 다양한 원료에서 오며 저마다 깊이가 다릅니다. 단일한 맛도 성분에 따라 여러 색이 있고 여러 맛 성분이 섞이면 훨씬 다채로운 상호작용이 일어나죠. 맛 성분은 서로 상호작용을 할 뿐 아니라 향기 성분과도 상호작용을 합니다. 음악도 그렇습니다.

우리는 매일 밥을 먹듯이 하루라도 음악을 듣지 않고 지나가는 날이 별로 없습니다. 음악을 소비하는 데 많은 비용과 시간을 사용하지만 음악에도 수학의 법칙이 있다는 사실은 자주 잊습니다. 사실 음악은 탄생부터 과학과 밀접한 관계를 이루고 발전해 왔습니다. 특히 화성과 합주를 기본으로 하는 서양음악은 과학적인 원칙의 토대 위에 있습니다. 음식도 무척 과학적인 현상인데 단지 감각적이고 경험적이라고 믿는 경우가 많습니다.

음악은 기대와 늘어짐, 긴장과 이완, 각성과 해소, 강함과 약함의 적절한 변화와 배치로 리듬감을 주고 그것으로 기쁨을 만듭니다. 음악에도 적당한 반복이 필요하고 맛에도 적당한 반복이 있어야 즐겁고 편안합니다. 새로운 요소만 잔뜩 등장하면 피곤하죠, 음식도 마찬가지고요. 그러니 좋은 음악의 기준과 맛있는 음식의 기준은 상당히 닮았습니다. 맛의 방정식이나 히트곡 제조 방정식은 별반 차이가 없는 셈입니다.

이런 기준은 음악이나 음식에만 한정된 것은 아닙니다. 사실 모든 예술은 적절한 리듬을 가지고 있습니다. 리듬이 있다는 것은 어느 정도 예측이 가능하다는 것을 의미합니다. 우리는 음악을 들을 때 과거와 현재, 그리고 미래를 같이 듣습니다. 과거의 기억들이 새것을 지각할 때 소환되고 혼합됩니다. 뇌과학자 에델만Gerald Edelman은 "모든 지각의 행위는 어느 정도 창조의 행위며, 모든 기억의 행위는 어느 정도 상상의 행위다"라고 말했습니다. 뇌의 적응력과 회복력은 물론 뇌의 경험과 지식도 가동됩니다. 현재를 통해 과거를 불러와 미래를 예측하기에 익숙함과 편안함의 즐거움이 있습니다. 가끔 그 예측을 의도적으로 적절히 벗어나게 함으로써 놀라움과 신선함을 주기도 하고요. 새로움도 수용 가능한 정도로 정확히 디자인 되어야지 지나치면 스트레스를 줍니다. 지나치게 익숙한 패턴으로 지루함을 주는 것만 못합니다. 수용성은 개인이나 민족마다 다른데, 그래서 식품을 문화라고 하기도 합니다.

동일한 리듬도 어떤 가사가 붙느냐에 따라 감동이 달라집니다. 동일한 음식도 어떤 스토리를 얹느냐에 따라 느낌이 달라지지요. 어떤 노래는 가사 때문에 특정 계절에 어울리고, 어떤 노래는 특정한 날이나 날씨에 어울립니다. 음식 또한 그렇지요. 주위를 보면 남들보다 유난히 음악이나 음식에 빠진 사람이 있습니다. 음악에 빠졌다가 겨우 벗어나 다시 음식에 빠진 사람도 있고요. 그들은 도대체 어떤 매력을 느끼기에 그렇게 빠져든 것일까요?

음악의 즐거움을 잃어버린 남자

자동차와 카메라, 그리고 오디오를 이른바 집안을 망치는 남자의 3대 취미라고 합니다. 이런 취미를 제대로 즐기기 위해서는 돈이 상당히 많이 들고, 한 번 빠지면 헤어 나오기가 힘들기 때문입니다. 어떤 사람은 번들용 이어폰으로도 만족하고, 어떤 사람은 수천만 원짜리 오디오 시스템으로도 만족하지 못하는 경우가 있습니다. 장비에 따라 소리가 그 가격만큼 확실히 차이가 날까요? 오디오 마니아들 사이에서는 '귀가 열린다'고 표현한다던데 과연 귀가 열렸다는 것은 무슨 뜻이고, 그것이 왜 그렇게 매력적이라는 것일까요?

여러분이 음악을 좋아한다면 머릿속에 일종의 3차원을 더할 수 있을 겁니다. 음악의 짜임새뿐만 아니라 볼륨감과 소리의 표층과 깊이를 나타내는 차원이죠. 저는 예전에 음악을 들을 때면 3차원 형식의 건물처럼 들렸습니다. 여기에는 '바닥', '벽', '지붕', '창문', '지하실'이 있습니다. 이런 것들이 부피를 나타냅니다. 표면들이 서로 들어맞게 이어 붙여서 만들죠. 제게 음악은 이렇듯 항상 균형이 딱 잡힌 3차원 컨테이너 용기였습니다. 안과 밖이 있고 내부 공간이 나뉜 막사나 대성당, 선박처럼 생생한 것이었습니다. 바로 이런 '건축적 측면' 덕분에 음악이 그토록 놀라운 감정의 힘을 제게 행사하는 것이라 확신합니다. 하지만 이런 건축적 측면에 대해 늘 입을 다물어왔습니다. 확신하지 못했기 때문입니다. "음악을 건축적으로 듣는다"라고 말하면 왠지 정확한 설명이 아닌 것 같았으니까요. 그러나 이제 확신합니다. '건축적'이라는 표현은 정확합니다. 지금 제 귀에 들리는 음악은 밋밋한 2차원입니다. 종이 위에 선을 그려놓은 것처럼 말 그대로 굴곡 없이 밋밋하기만 흘러갑니다. 예전에 건물을 들었다면 지금은 건축 도면만이 들립니다. 도면을 보고도 해석할 수 있지만 정서적 감흥이 일지 않습니다. 이것이 가슴 아픈 부분입니다. 음악을 들어도 더 이상 감정적으로 반응하지 못하니까요.

_올리버 색스, 《뮤지코필리아》 중

음악을 정말 좋아하던 사람이 한쪽 귀가 고장 나면서 갑자기 음악이 평면적으로 들리고, 음악을 듣는 즐거움을 잃어버렸다는 이야기입니다. 소리는 단지 파장이고 2차원적인 것인데 왜 입체감을 강조할까요? 올리버 색스의 《뮤지코필리아》에는 이런 사례를 가진 사람이 여러 명 등장합니다. 노르웨이의 내과 의사인 요르겐 요르겐센은 청신경종 제거 수술을 받은 뒤 오른쪽 청력을 완전히 잃어버렸습니다. 그러자 음악을 감상하는 능력이 갑자기 달라졌다고 합니다. 음 높이나 음색 같은 특징은 예전과 다름없이 구분할 수 있지만, 음악이 밋밋하고 이차원적으로 변해 정서적으로 받아들이는 능력이 완전히 손상되어 버렸습니다. 예전에는 말러의 음악을 들으면 "온몸이 압도되는 듯한" 강렬한 경험을 했는데 수술 후 음악회에 가서 말러 7번 교향곡을 들었을 때는 "절망적일 만큼 밋밋하고 시시하게" 들렸다고 합니다. 음악에서 밋밋함과 입체감은 도대체 무엇일까요?

《뇌의 왈츠》의 저자 대니얼 J. 레비틴은 우리가 음악을 들을 때 실로 여러 속성차원을 감각하는데 이 가운데에는 음조, 음 높이, 음색, 음량, 템포, 리듬, 윤곽뿐 아니라 공간감도 포함된다고 합니다. 이 중 공간감이 감동을 느끼는 데 중요한 역할을 하지만 대게 과소평가 된다고 합니다. 요르겐센이 입체적으로 듣는 능력을 잃어버렸다는 것은 바로 이런 특징, 즉 공간감, 부피, 풍성함, 울림을 듣지 못하게 되었고 그래서 음악이 "밋밋하고 시시하게" 들렸던 것입니다.

그의 사례는 한쪽 눈을 사용하지 못하게 되면서 입체적으로 보는 능력을 잃어버린 사람의 경험과 유사합니다. 입체감을 잃어버리면 깊이와 거리감을 판단할 때 문제가 되는 것은 물론이고 정서적으로 시각 세계가 전체적으로 밋밋해진다고 합니다.

그리고 본인이 보고 있는 세계로부터 단절되었다는 느낌을 받고 공간적으로나 정서적으로 세상과 관계를 맺는 데 어려움을 겪습니다.

무엇이 감동을 결정할까?

나는 입체감이나 공간감이 감동을 결정하는 데 가장 중요한 요소라고 생각합니다. 우리는 풍경을 항상 입체적으로 봅니다. 한 번도 평면적 세계를 경험한 적이 없으니 밋밋한 2차원적인 세상을 상상하기 어렵습니다. 그러니 태어나서 계속 2차원적인 세상을 살다가 치료 후 입체적 시각을 갖게 되었을 때의 감동을 상상하기 어렵죠. 흑백으로밖에 볼 수 없는 사람이 컬러로 된 세상을 상상하기 힘든 것과 같은 이치입니다. 한 번도 입체를 보지 못한 사람은 별 불편함을 모르고 살아갑니다. 하지만 세상을 입체로 보다가 갑자기 입체감을 잃은 사람은 큰 상실감을 느끼고 그것을 회복하기 위해 온갖 노력을 기울입니다. 입체감도 중독성이 굉장히 강한 셈입니다.

앞서 말한《뮤지코필리아》에 등장하는 요르겐센의 경우도 입체감 회복을 위해 노력했습니다. 그는 6개월 정도 지나자 현실에 적응하기 시작했는데, 가짜 스테레오 효과를 통해 비록 예전

같지는 않지만 그나마 입체적이고 풍성하게 소리를 듣기 시작했습니다. 그의 방법은 가짜 입체 효과와 비슷합니다. 한쪽 눈의 감각을 통해 마치 두 눈으로 보거나 두 귀로 듣는 듯한 효과를 만드는 것이죠. 진짜 스테레오 감각은 우리의 뇌가 두 개의 눈이나 귀로 감각되는 정보의 차이를 가지고 깊이와 거리, 공간감, 부피감 등을 추론합니다. 눈의 경우 공간적 불일치가, 귀의 경우 시간적 불일치가 입체적 지각에 핵심 정보입니다.

가짜 스테레오 효과를 얻기 위해서는 머리를 정보가 있는 곳으로 아주 살짝 흔들거나 고개를 끄떡이는 행동을 통해 차이를 읽고 과거의 경험기억을 통해 진짜와 비슷한 착시입체감를 만듭니다. 뇌는 이미 해본 것이고 그것이 현실과 일치한다는 것을 알기에 뇌의 가소성을 이용해 다시 기능을 회복하는 것이죠. 그런데 한 눈을 감으면 왜 입체감이 사라지지 않느냐고요?

어차피 뇌는 한 눈을 감았다는 사실과 세상은 입체적으로 보인다는 것을 알기에 그 그림을 계속 유지합니다. 비디오 카메라를 흔들면 영상이 흔들리지만 우리가 머리를 흔들면 눈앞에 장면이 별로 흔들리지 않는 것과 같은 원리입니다. 또한 눈동자 언저리를 손가락으로 누르고 흔들면 뇌는 그런 움직임에 적응되지 않아, 눈동자가 손가락에 의해 흔들리는 대로 세상이 마구 흔들려 보이는 것과 마찬가지 원리입니다.

연주회장에서 오케스트라와 합창단이 만들어내는 꽉 차고 풍부한 음향을 즐길 수 있는 것은 바로 이런 스테레오 효과 덕분입니다. 그래서 연주회장은 되도록 음악이 풍부하고 미묘하며, 입체적으로 들릴 수 있도록 설계하고 시공됩니다. 우리가 한 쌍의 이어폰이나 스테레오 스피커, 서라운드 시스템을 통해 재현하려고 하는 것도 이러한 풍부하고 입체적인 소리입니다. 콘서트홀이나 강의실의 설계가 형편없으면 소리가 '죽고' 목소리와 음악이 '흐리멍덩하게' 들리게 됩니다.

단순히 앰프와 스피커를 연결하는 선인데 가격이 무려 1,000만 원인 제품도 있더군요. 그것을 구입한 사람은 분명 그만큼 음질에 차이가 있다고 느끼기에 그것을 구입했을 테지요. 어떻게 그런 차이가 가능할까요?

2012년 바이올린의 명기로 꼽히는 스트라디바리우스의 비밀이 풀렸다는 보도가 있었습니다. 악기음향 전문가 클라우디아 프리츠Claudis Fritz와 바이올린 제작자 조셉 커틴Joseph Curtin은 그동안 악기의 음색을 밝히려는 연구는 많았지만 정작 이 악기들이 좋은 음색을 내는지 조사한 적은 없다는 사실에 주목했습니다. 그들은 스트라디바리우스의 명성 자체에 도전하는 발칙한 실험을 했습니다. 전문 연주자들에게 사전 정보 없이 블라인드 테스트를 했을 때 과연 스트라디바리우스의 음색을 선호하느냐를 조사한 것이죠.

연구진은 경력이 15년이 넘는 연주자 21명을 모아놓고 블라인드 테스트를 진행했습니다. 총 6개의 바이올린 중 3개는 만든 지 10년이 안 된 새 바이올린이었습니다. 나머지 3개는 각각 1700년과 1715년에 만든 스트라디바리우스와 1740년에 제작한 과르네리 한 대로 구성했습니다. 실험 대상자는 물론 그들에게 악기를 건네주는 사람조차 어떤 악기가 어떤 것인지 모르는 상태에서 진행된 이중맹검 실험이었습니다. 그 결과, 스트라디바리우스가 최근에 만들어진 바이올린보다 좋다는 평가를 받지 못했습니다. 그래도 스트라디바리우스로 연주하면 연주자나 방청객이나 여전히 더한 감동을 얻는 것이 우리의 감각 시스템입니다.

우리의 막강한 환각 능력

나는 앞서 맛을 본다는 것, 세상을 본다는 것 모두 뇌가 그린 그림이라고 말했습니다. 그것을 온전히 이해했다면 "그림이 어떻게 그렇게 생생할 수 있을까?", "왜 그 장치를 이용해 마음대로 그릴 수 없지?"라는 질문이 나와야 합니다. 우리가 현실로 보는 것은 뇌의 막강한 그래픽 능력의 극히 일부일 뿐입니다.

환각 능력은 실로 섬세하고 생생하며 처리 속도마저 엄청납니다. 절대 위기의 순간, 일생의 중요한 기억이 순간적으로 펼쳐지기도 합니다. 올리버 색스의 책에서 우리는 많은 사례를 확인할 수 있지요. 높은 곳에서 떨어지는 위급한 사고의 순간, 그 찰나에 자신이 살아온 인생의 모든 기억이 한 편의 파노라마처럼 흘러갈 수 있습니다. 다음은 최종호 씨의 사례입니다.

"그는 스카이다이빙을 하다가 막 내려앉으려는 순간 갑자스러운 돌풍으로 사고를 당했는데, 추락하는 그 짧은 순간에 여러 기억이 파노라마처럼 지나갔다. 가족이 가장 먼저 떠올랐고, 이루지 못했던 아쉬운 일들이 뒤를 이었다. 특전사 시절, 아이들이 태어났을 때, 어머니가 돌아가셨을 때, 후회스러운 순간들도 떠올랐다. 남에게 상처 주었던 말들이나 평소에 전혀 생각하지 않았던 기억도 떠올랐다. 심지어 강원도 특전사 시절, 구보를 하다가 천고지에서 구름 속으로 들어가는 순간 번쩍 하고 벼락 맞은 기억도 떠올랐다. 당시 군대 동기들의 말에 의하면 신기하게도 자신이 벼락을 맞고도 잘 걸어갔다는 것이다. 그러나 당시 그에게는 그러한 기억이 없었다. 사라진 기억이 갑자기 떠오른 것이다. 그는

9장. 맛은 뇌가 그린 풍경이다

자신의 파노라마 기억이 가장 아쉬웠던 순간, 힘겨
웠던 순간, 기뻤던 순간들이 조각조각 연결되어 이
어졌고, 그 기억들이 너무나 생생하게 떠올라서 마
치 모든 순간을 옆에서 지켜보는 것 같았다. 그리
고 자신이 죽으면 아빠를 잃게 될 아이들이 가장
많이 생각났다."

_김윤환, 〈KBS 사이언스 대기획 인간탐구, 기억〉 중

이것이 모든 사람이 본래 가지고 있는 환각 능력입니다. 평소
에는 억압되어 있다가 엄청난 위기의 순간에 모든 억압이 풀려
자유롭게 이루어지는 뉴로그래픽인 것이죠. 우리의 환각 능력이
얼마나 막강한 것인지 짐작할 수 있을 것입니다.

1849년 도스토옙스키는 감옥에서 끌려나와 다른 2명과 처형
장에 말뚝에 묶였습니다. 사격 자세를 취한 군인 앞에서 한 명은
공포로 인해 신경 붕괴가 일어났는데 도스토옙스키는 전혀 다르
게 반응했습니다. 여러 해 뒤 그는 아내에게 이렇게 말했습니다.

"내 기억에 그날처럼 행복했던 때는 없었소."

그는 그 5분을 무한한 시간처럼 느끼며 불현듯 황홀한 깨달
음에 휩싸였다고 합니다. 삶 자체가 가장 큰 기쁨이며 우리는 매
순간을 영원한 행복으로 만들 힘을 자기 안에 지녔다는 찬란한

진실을 깨달은 것이죠.

우리는 보통 환각을 매우 유별난 현상으로 알지만 실제로는 정반대입니다. 모든 감각에는 환각이 발생하는데 단지 감각과 거의 정확히 일치하는 환각만이 일어나 의미를 지각하는 것입니다. 그것이 환각이라는 것조차 전혀 눈치 채지 못하는 것이죠. 지난 수백만 년 동안 어마어마한 환각_{뉴로그래픽} 장치로 세상을 보면서 그냥 눈으로 세상을 본다고 착각했으니 우리의 환각 능력은 정말 대단합니다.

환각은 완벽하게 억제할 수 있을까

이런 막강한 환각 능력을 자기 뜻대로 마음껏 쓸 수 있다면 어떻게 될까요? 올리버 색스가 LSD를 복용할 때 체험담을《환각》에 아래와 같이 기록해 놨습니다.

> "우리는 언어나 원거리 통신을 사용하지 않고 단지 생각을 통해 마음으로 대화하고 있음을 깨달았다. 내가 머릿속으로 '맥주가 먹고 싶어'라고 생각하자, 친구는 그것을 듣고 맥주를 갖다 주었다. 친구가 '음악을 크게 틀어 봐'라고 생각하면, 나는 음

악의 볼륨을 높였다. 이런 상태가 한동안 계속되었
다. **중략** 나는 내 몸을 떠나 방 안을 떠다니며 전체
적인 장면을 내려다보았고, 이어서 아름다운 빛으
로 이루어진 터널을 지나 우주로 여행했다. 완전한
사랑과 포용의 느낌이 가슴을 가득 채웠다. 그 빛
은 내가 느낀 것 중 가장 아름답고 따뜻하고 상쾌
했다. 지구로 돌아가 내 삶을 마치고 싶은지, 아니
면 천상의 아름다운 사랑과 빛으로 들어가고 싶은
지를 묻는 목소리가 들렸다. 이제껏 살았던 모든
사람이 저마다 사랑과 빛에 감싸여 있었다. 그러더
니 태어나서 지금까지 살아온 모든 삶이 마음에 번
개처럼 스쳐 지나갔다. 나에게 일어났던 모든 사소
한 일들, 시각적이고 감정적인 모든 느낌과 생각이
한순간에 몰려들었다. 목소리가 나에게 인간은 '사
랑과 빛'이라고 말했다. 나는 대부분 사람이 상상
조차 할 수 없는 삶의 일면을 보았다고 느낀다. 또
한 오늘 하루와 특별히 연결되어 있으며 아무리 단
순하고 현세적인 존재에도 그런 힘과 의미가 깃들
어 있다고 느꼈다."

우리가 꿈을 꾸고 있을 때는 그것이 꿈인지 구분하지 못하는데, 꿈보다 훨씬 생생한 환각에 빠지면 그것이 환각인지 깨닫기도 힘들고, 환각이 주는 막강한 쾌감에 환각임을 알더라도 거기에서 벗어나기 힘들 것입니다. 우리의 감각과 지각 시스템은 생존을 위해 철저하게 환각 시스템을 억압합니다. 현실과 일치하는 환각흉내내기만을 하며, 색상도 너무 화려하게 보이지 않게 억압합니다.

억제 시스템은 정말 잘 작동해 특이한 질병 상태, 노화로 인한 뇌의 부분적 오작동 상태, 마약 같은 환각물질의 복용 상태일 때 실수를 합니다. 억제가 풀리는 것이죠. 건강한 사람은 사막에서 신기루를 볼 때처럼 자극이 박탈될 때나 볼 수 있습니다. 인간의 뇌에는 지상 최강의 환각 장치가 있는데, 그것을 뜻대로 쓰지 못하고 억압해야만 온전히 살아갈 수 있다는 것이 아이러니합니다. 그러면서 증강현실이나 VR 같은 장치를 개발해 자유롭게 환각을 즐기고자 하니 말입니다.

9장. 맛은 뇌가 그린 풍경이다

우리 몸은
종종
속고 있다

대박 상품은 품질도 대박일까

소비자가 구입하는 것은 종합적인 감정과 체험이지 내용물에 한정된 것이 아닙니다. 포장까지 완성되어 상품 진열대에 오르기 전까지는 그 제품의 가치를 제대로 평가하기 힘들죠. 더구나 내용물만 가지고 상품의 가치를 판단하려는 것은 사업적인 측면에서 위험하기 짝이 없는 시도입니다. 다른 제품과 마찬가지로 식품도 브랜드와 포장이 다 갖추어진 최종 결과물로 평가하면 곧잘 틀립니다. 조사로 알 수 있는 것은 빙산의 일각입니다. 왜 많은 돈을 투자한 관능검사가 판매를 보장하지 못할까에 대한 이해는 결국 뇌와 욕망에 대한 이해이기도 합니다.

2014년에 60그램짜리 과자 한 봉지로 온 나라가 들썩였습니

296

다. 매장 진열대에 깔리기가 무섭게 동이 나버리고 SNS는 이 과자 이야기로 넘쳐났습니다. 맛 한 번 보기 위해 편의점과 마트를 수도 없이 돌아다녔다는 이야기와 급기야 생산이 중단됐다는 루머까지 돌았습니다. 그런데 이 과자의 매력은 무엇일까요?

냉정하게 말하면 흔한 짭짤한 감자 칩 대신에 달콤한 맛의 감자 칩이라는 것이 전부입니다. 달콤한 것을 좋아하지만 달콤하면 왠지 건강에 나쁠 것 같다는 심리를 아카시아 꿀과 발효된 고메 버터를 내세워 만족시켰다는 정도가 차별점이겠죠. 맛이 괜찮은 편이지만 어떤 전문가도 그 정도로 신드롬을 일으킬 것이라고는 도저히 예측하기 힘든 수준이었습니다. 허니버터칩 개발 담당자가 처음부터 성공을 확신할 정도로 맛이 좋았을까요? 그럴 가능성은 별로 없습니다. 100년 전 세상이었다면 제품의 품질 간에 워낙 차이가 심해 차별적인 제품 개발이 쉬웠지만, 현대는 이미 개발할 만큼 개발한 상태라 품질 차별화가 어렵습니다.

2016년 6월 1만 6,000개의 와인을 대상으로 한 영국의 '블라인드 테스트Blind test·상표와 원산지를 가리고 맛을 시험' 대회에서 7,000원짜리 와인이 최고로 뽑혀 화제가 되었습니다. 그만큼 와인의 품질이 좋아져 가격에 따른 품질 차이가 줄어든 것이죠. 불과 100년 전만 해도 서민이 먹는 음식과 왕이나 귀족이 먹는 음식의 맛이 완전히 달랐을 텐데, 지금은 서민의 음식인 치맥과 떡

9장. 맛은 뇌가 그린 풍경이다

볶이가 예전 왕이 먹던 음식보다 맛있습니다. 식당의 음식도 정말 맛있어졌습니다. 그래서 엄마의 맛이 통하지 않지요. 식당끼리도 치열하게 경쟁하고 연구해 최고 중에 최고만이 겨우 살아남습니다. 그런데 사람들이 그 정도의 맛을 너무나 당연하게 여기니 문제인 것이죠.

품질, 즉 맛의 차이로는 허니버터칩의 성공을 설명하지 못합니다. 오히려 대박의 요인으로 SNS를 통한 입소문이 설득력 있습니다. 남들이 맛있다고 하고 생산량도 적어서 쉽게 구할 수 없다고 하면 괜히 갖고 싶어지는 게 사람 마음입니다. 맛있다고 소문이 났는데 편의점이나 마트 어디를 가도 찾아보기 힘든 제품이 되니 소비자들이 애가 탄 겁니다. SNS에 누군가 '득템'했다고 우쭐대는 글이 올라올 때마다 욕망은 더 커졌을 테고, 결국 그런 요인들이 나의 입과 코를 무조건 맛있게 느끼도록 세팅했을 것입니다.

최근 우리나라에 대표적인 음식 칼럼니스트이자 매니저임을 자칭하는 김유진님이 쓴《장사는 전략이다》라는 책을 읽었는데 이렇게 실천적이고 체계적인 책이 나올 수 있다니 하고 깜짝 놀랐습니다. 단순히 입과 코를 즐겁게 하는 것이 아니라 뇌를 즐겁게 하기 위한 온갖 방법이 총망라 해 등장하지요. 음식점이 성공하기 위해서 맛은 기본이고 그토록 많은 것에 신경 쓰고 노력해야 한다는 생각에 한편으로는 쓸쓸하기도 했습니다. 맛만으로는 승부가 곤란할 지경까지 상향 평균화된 탓이겠지요. 그럼에도 우리의 맛에 대한 평가는 맛이 '있다'와 '없다'로 극단적이게 갈립니다. 사소한 차이를 결정적 차이로 만들어주는 우리 몸의 쾌감 증폭회로가 모든 개발 담당자를 웃고 울게 만드는 결정적인 비밀인 셈이죠.

엄마 손맛의 실체는 무엇일까

인터넷을 보면 종종 그런 고백이 있습니다. 할머니나 엄마의 손맛이 알고 보니 MSG 맛이었다는. 할머니나 엄마가 끓여준 콩나물국은 정말 맛있었는데 아무리 흉내를 내도 기억 속의 그 맛은 나지 않습니다. 멸치와 다시마로 따로 국물을 내어 봐도 안 되고, 간장을 바꿔 봐도 안 되고, 다진 마늘 같은 양념을 이것저것 넣어도 그 맛이 안 납니다. 그러다 조미료를 넣자 놀랍게도 할머니와 엄마가 끓여준 그 맛이 나는 겁니다. 비로소 '손맛'의 비밀을 알게 되는 순간이죠!

엄마의 손맛이란 무엇을 의미할까요? 예전에는 아무래도 집에서 밥을 많이 먹었으니 익숙한 맛이라는 의미가 가장 클 겁니다. 게다가 비법 중의 비법인 MSG가 들어가면 맛은 더욱 좋았을 테죠. 맛과 익숙함과 추억을 함께 버무렸으니 그리운 그 맛은 자신에게 최고였을 것입니다. 그런데 요즘은 엄마 손맛을 이야기하는 경우가 드뭅니다. 외식을 통해 맛있는 음식을 많이 먹기 때문입니다. 그 음식들은 대부분 차이가 없어서 특별히 기억에 남지 않습니다. 손맛이라는 표현은 실체가 모호합니다. 같은 재료와 같은 방법으로 한 요리인데 왜 사람마다 맛이 다를까요? 가령, 시중에서 파는 김밥은 같은 재료라도 맛이 다 다릅니다. 유독 맛있어 자주 찾는 집이 있죠. 손맛이란 결국 맛에 대한 감각이나 집중력, 또는 정성입니다.

맛있는 음식을 계속 만들기 위해서는 맛의 최적 포인트를 찾는 노력 못지않게 그 포인트를 항상 재현할 수 있는 능력이 중요합니다. 잠깐 방심하면 놓치기 쉽고 재료와 과정, 여러 환경 변화에 따라 변하기 쉽습니다. 이런 요소를 완전히 장악하고 민감하게 읽고 대응해야 최고의 품질이 유지됩니다.

기계적으로 똑같이 한다고 똑같은 품질이 나오기 어렵습니다. 맛에 대한 확실한 기준을 잡고, 미묘한 변수를 적절히 통제해야 맛이 유지됩니다. 모든 조건이 일정해야 미묘한 변화를 감지하고 탄력적으로 대응해 일정한 품질을 낼 수 있기 때문입니다. 그러한 집중력이 손맛이나 진정한 맛의 정성이지 육체적인 혹사, 많은 시간의 투여 등이 정성이라고 할 수는 없습니다.

결국 손맛은 MSG 맛도 맞고 맛의 정성, 또는 집중력도 맞습니다. 맛은 재료의 품질이나 과정에 따라 달라지지만 아주 미세한 차이의 황금비율에서 폭발합니다. 맛에 대한 지능이나 감각이 뛰어난 사람은 본능적으로 이 황금비율을 찾을 줄 압니다. 그래서 비슷한 재료와 과정을 통해서도 최고의 맛을 끌어냅니다. 한 꼬집의 MSG, 한 꼬집의 소금, 가열 시간의 가감과 같은 미묘한 차이로 확 다른 맛을 내는 것이죠. 눈에 띄지 않는 미세한 차이를 달리 표현하기 어려워 '손맛이 다르다'고 하는 것 같습니다. 결국 수치로는 말하기 힘든 황금비를 감각적으로 맞출 수 있는 사람이 손맛이 좋은 사람입니다.

무엇이 결정적 차이를 만들까

스티브 잡스는 이런 말을 한 적이 있습니다.

"사용자는 자기가 원하는 것을 모른다. 따라서 시장조사 같은 건 필요하지 않다."

실제로 그는 시장조사를 별로 하지 않았습니다. 잡스가 복귀하기 전 애플이 야심 차게 개발하던 뉴턴 PDA는 철저한 시장조사에 근거해 개발된 제품이었습니다. 그러나 잡스는 복귀하자마자 뉴턴을 포기했습니다. 마케팅 이론과 경영학 교과서를 완전히 뒤집는 황당한 방식이었으나 그는 승승장구 했습니다. 사실 많은 기업이 신제품을 개발할 때 많은 시장조사를 합니다. 코카콜라가 '뉴코크'를 개발할 때 당시 파격적인 금액인 400만 달러를 들여 철저히 소비자 조사를 해 그것을 토대로 출시했습니다. 하지만 결과는 처절한 실패였죠.

스티브 잡스는 소비자가 자신의 마음을 잘 모른다는 것을 간파했습니다. 차라리 자신의 경험과 직관에 의지한 것입니다. 설문조사를 하면 응답자는 자신의 실제 느낌보다는 그럴듯한 선택을 하는 경향이 있습니다. 그래서 요즘은 뉴로 마케팅까지 등장했습니다. 말보다는 뇌의 반응을 측정하는 것이 훨씬 정직하기 때문에 소비자의 제품에 대한 선호를 표출하는 과정에서 뇌의 각 부위가 어떻게 반응하는지 조사하겠다는 것입니다.

결국 결정적인 차이는 뇌가 감각과 기억을 총합해 무의식적으로 판단하는 쾌감 총량에 의해 결정됩니다. 감각의 결과는 물론 중요하죠. 탁월한 품질은 탁월한 감각적 차이를 만들고, 이에 따르는 탁월한 쾌감의 차이는 쉽게 이해할 수 있는 것입니다. 그런데 이런 경우는 많지 않습니다. 지금 식품의 품질은 워낙 상향 평균화되어 감각적인 품질 차이는 그리 크지 않습니다. 그럼에도 엄청난 선호도와 매출의 차이를 보이는 것은 뇌는 객관적인 품질의 차이를 평가하기 위해 존재하는 기관이 아니고 ON/OFF

적 행동을 위한 장치라서 그렇습니다. 즉, 음식에서는 먹을지 말지를 결정해 먹을 것에는 충분한 도파민을 분비하게 하는 것이 핵심이라 항상 결과를 증폭하는 경향이 있지요.

앞으로 아무리 품질 차이가 적어져도 맛에 민감하고자 한다면 우리의 감각과 뇌는 미세한 차이와 절묘하게 증폭하고 결합해 큰 쾌감의 차이를 만들 것입니다. 거기에는 물론 단순한 오감으로 느끼는 감각이 아니라 기억, 브랜드, 분위기 등 그 음식과 함께 체험하는 것과 관련된 기억의 총합이 작용하는 것이고요.

감각은
결국
뇌의 훈련이다

맛과 뇌의 불가분의 관계

뇌는 세상에 대해 다양한 모형을 구축하고 꾸준히 갱신합니다. 그것이 기억이고 생각과 행동의 패턴입니다. 그런 기억을 이용해 뇌는 우리가 보고 만지고 듣는 모든 것을 끊임없이 예측합니다. 예측은 다시 감각의 일부가 됩니다. 지각하는 것은 순수하게 감각에서 오는 것이 아니라 기억이 예측한 것을 합한 것입니다. 우리에게 순수한 눈은 없습니다. 눈으로 보는 것이 아니라 뇌로 봅니다. 뇌가 가지고 있는 모형을 통해 세상을 보고 그 결과를 모형에 반영시키는 것입니다.

맛은 단순히 감각의 결과물이 아닙니다. 맛뿐 아니라 우리를 웃고 울리는 모든 쾌감과 감정이 이런 식으로 작용합니다. 주변의 환경과 경험과 기억에 따라 작동합니다. 그리고 DNA에 각인되어 가지고 있는 기억도 있습니다. 우리는 뇌가 빈 서판인 상태가 아니라 다른 동물에 비해 DNA에 훨씬 충실하게 각인된 서판본능=무의식의 상태로 태어났기에 언어를 쉽게 배우고, 사회성, 운동성, 예술성 등에 탁월한 재능을 발휘합니다. 단지 그런 것들이 오래전 원시인 시절에 만들어진 것이라 지금의 생활에서 잘 맞지 않는 경우가 있을 뿐입니다. 그러니 진화 심리학을 이해하는 것은 맛에 대한 이해를 높여줍니다.

뇌는 신경세포가 시냅스로 연결된 상태에 의해 작동하고 시냅스는 쉽게 변하지 않습니다. 때문에 생각은 소프트웨어가 아니고 하드웨어에 가깝습니다. 나의 뇌가 내 뜻대로 되지 않는 근본적인 이유입니다. 단지 선택 가능한 모형이 워낙 많아서 마치 자유로운 생각이 가능한 것으로 착각하는 것이죠.

생각과 행동을 바꾸기 위해서는 구체적으로 뇌를 변화시켜야 합니다. 그나마 뇌는 다른 장기에 비해서 훈련에 의해 많이 바꿀 수 있습니다. 물론 외형이 아니라 내면의 연결 패턴입니다. 그런데 우리는 어떻게 훈련해야 내면의 배선 패턴을 바꿀 수 있는지 잘 모릅니다. 뇌를 이해하면 맛을 훨씬 정확하게 알게 될 것이고, 맛을 제대로 아는 것이 뇌를 제대로 아는 길이도 합니다.

맛을 제대로 느끼기 위한 훈련

요즘은 맛의 전성시대이고 맛에 관심이 있는 사람이 아주 많습니다. 그런데 맛과 향을 제대로 느끼기 위해 훈련하는 사람이 얼마나 될까요? 음악, 그림, 예술품을 감상하는 데 훈련이 필요하다는 것은 알지만 맛에도 훈련이 필요하다는 것을 아는 사람은 많지 않습니다.

훌륭한 지휘자는 악단에 연주하는 사람 하나하나의 음을 분리해서 들을 수 있고 전체를 들을 수도 있다고 합니다. 이누이트인은 눈의 색깔흰색을 40가지로 구분해 말하고 아마존에 사는 사람은 녹색을 40가지로 표현합니다. 확실히 감각은 필요성과 훈련에 의해 크게 향상 될 수 있습니다.

그런데 요리의 기술을 배우는 사람은 많아도 맛의 감각, 또는 감상의 기술을 배우는 사람은 별로 없는 것 같습니다. 미술, 음악, 체육 교육은 있어도 제대로 된 미각 교육은 없죠. 최근에 일부 있다는 말은 들었지만 감각의 실체와 사용법을 체계적으로 배워 내 몸을 이해하고 즐기는 능력을 향상시키는 것보다는 몸에 좋은 음식을 고르는 영양 교육의 한 방법 정도인 것 같아 아쉽습니다. 맛을 음미하면서 먹어볼수록 미각은 더 섬세해지고, 맛을 더 잘 구분할 수 있게 됩니다. 맛도 아는 만큼 느낍니다.

물론 맛에 너무 심각할 필요는 없습니다. 맛과 욕망은 상대적인 것이니까요. 상대적 감각과 적당한 망각은 우리를 행복하게 합니다. 우리는 생존을 위해 망각하도록 설계되어 있습니다. 가령, 탁월한 기억력을 가진 사람을 보면 부럽지만 그 능력이 생존에 꼭 도움이 되는 것은 아닙니다. 기억력이 무한히 좋다면 음식을 즐기는 데 방해가 될 것입니다. 식당에 가서 음식을 먹는데 지난번 맛있게 먹었던 음식이나 최고의 맛집에서 먹었던 기억이 너무나 생생해 비교된다면 어떨까요? 지금 먹는 음식에 대한 만족도가 바닥으로 떨어질 것입니다.

반면, 과거에 먹었던 음식에 대한 기억이 하나도 없다면 모든 음식이 너무나 생소해 불안할 것입니다. 평가모델이 없으므로 그 매력을 제대로 알 수 없습니다. 음식을 먹을 때 적당한 수준의 기억이 안심을 가져오고, 평가기준을 주기 때문에 음식을 맛있게 먹을 수 있습니다. 지난번 식사의 기억이 적당히 잊혀져야 새로움의 기쁨도 있고, 완전히 잊혀지지는 않아야 맛을 음미할 수도 있습니다. 맛에 있어서는 완전한 기억도 재앙이고 완전한 망각도 재앙입니다. 맛은 마지막 날까지 날마다 찾아오는 행복일 때 최고의 가치겠지요.

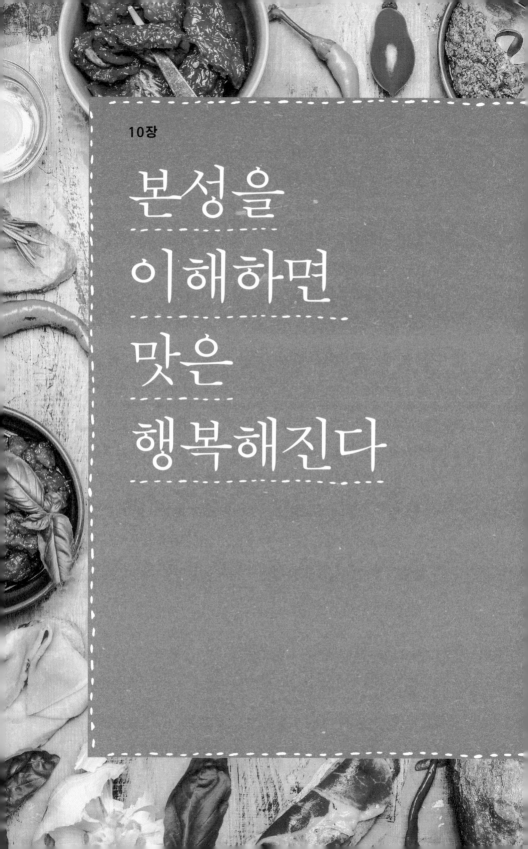

본성을
이해하면
맛은
행복해진다

- 맛은 결코 포기할 수 없다
- 맛 전성시대, 필요한 미식의 가치
- 우리의 식문화가 바뀌고 있다
- 맛과 행복은 발견하는 것이다

맛은
결코
포기할 수 없다

맛은 우리가 살아온 발자취다

우리가 음식을 통해 얻을 수 있는 것은 정말 많습니다. 그래서 인지 음식에 관한 사람들의 관심과 이야기는 끝이 없습니다. 그 중에는 조언과 충고도 많이 포함되어 있는데, 대표적인 것이 영양이나 효능에 관한 이야기입니다. 'OO이 몸에 좋다. 꼭 챙겨 먹어라', 'OO은 나쁜 음식이니 절대로 먹어서는 안 된다'와 같은 것입니다. 현재 우리가 먹는 음식은 나름 충분히 검증된 것들이라 크게 차이가 있는 것은 아닙니다. 먹거리가 부족했던 과거에는 성분과 영양이 중요했습니다. 하지만 지금은 그게 다가 아니죠. 현대인의 건강 문제의 대부분은 나쁜 음식을 먹어서가 아니고 음식을 대하는 나쁜 태도, 즉 과식 때문에 생긴 것입니다.

음식의 종류에 따라 건강이 달라진다면 나라마다 음식이 다르니 수명이 다 달라야 합니다. 하지만 그렇지 않고 대략 소득 순서로 오래 살지요. 현대 문명을 거부하는 특별한 종교 집단이나, 구석기 시대의 식사법을 따라 한다고 특별히 건강해질 가능성은 별로 없습니다. 구석기 시대의 삶은 아주 다양했습니다. 사람들은 주위에서 먹을 만한 것을 닥치는 대로 먹었으며, 구석기 고유의 음식이 있었던 것도 아닙니다. 물가에 살면 생선과 조개를 먹었고, 사냥감이 많은 곳에 살면 고기를 먹었고, 사냥이 안 되면 식물을 채집했습니다. 열매가 있으면 열매를 먹었고, 없으면 뿌리를 캐 먹었고, 메뚜기 떼가 있으면 메뚜기를 먹었습니다.

지금도 전 세계의 전통 식단을 분석하면 영양소의 함량에도 큰 차이가 있습니다. 탄수화물의 함량은 30~78퍼센트, 지방은 7~40퍼센트, 단백질은 15~50퍼센트에 이르도록 다양합니다. 유명한 장수촌의 음식도 지역마다 달라서 음식의 종류에 공통점이 없습니다. 과학적이지 않아도 각 재료의 특성을 몸으로 깨닫고 적절히 조화시켜 먹을 줄 알면 충분했던 것이죠.

우리는 끊임없이 새로운 먹거리를 탐색하고, 가공을 통해 독은 줄이고 소화는 잘 되게 했습니다. 종자를 개량하고 생산성을 높여서 굶어죽는 공포에서 벗어나는 성취를 이루었습니다. 맛은 생존을 위한 수단이었는데 지금은 기호의 수단이 되었습니다.

맛있는 음식이 넘치는 세상이 되어 음식이 질병의 원인이 되기 노 하는 시대가 온 것입니다.

음식에 관해 대부분 사람에게 필요한 조언은 '적당히 먹자'이 지, '어떤 식품이 더 좋고 어떤 식품이 더 나쁘다'가 아닙니다. 음식을 통해 건강에 도움을 받으려면 자신에게 맞는 것을 선택 하고 꾸준히 실천해야 하는데 쉬운 일이 아닙니다. 음식에 관해 서는 '배고플 때 배고프지 않을 정도만 먹어라'가 가장 유용한 조언인데 가장 부질없는 말이기도 합니다. 모든 사람이 알고는 있지만 가장 실천하기 힘드니까요. 우리는 맛있는 음식 앞에서 한없이 약해질 수밖에 없습니다. 의지로 참기에는 세상에 맛있 는 음식이 너무 많습니다. 그럼에도 요리사나 연구원은 더 맛있 는 음식을 개발하려고 하고, 우리는 또 더 맛있는 집을 찾아 헤 맵니다.

맛 전성시대,
필요한
미식의 가치

맛은 인간의 발자취다

미식과 미식가의 의미에 관한 내가 가장 좋아하는 글이 있습니다. 우리나라에서 와인에 대해 가장 과학적이고 풍부한 경륜을 지니신 김준철 원장님의 글입니다.

> 와인 테이스팅은 미술관을 배회하는 것에 비유할
> 수 있습니다. 이 방 저 방 구경하다가 선호 여부를
> 떠나서 첫 인상을 좌우하는 것이 있습니다. 그리
> 고 한 번 결정하면 여기에 대해서 더 알고 싶어집
> 니다. 작가가 누구인지? 이 작품의 배경은? 어떻게
> 그렸는지? 와인도 마찬가지입니다. 한 번 좋아하는

새로운 와인을 만나면, 이 와인에 대한 모든 것을
알고 싶어 합니다. 와인메이커, 포도, 재배 지역, 블
렌딩 비율, 그리고 환경까지. 좋은 와인이란 당신이
좋아하는 와인입니다. 그리고 다른 사람에게 당신
의 맛을 강요하지 말아야 합니다. 테이스팅 강박관
념에서 벗어나서, 와인이 나에게 어떻게 해야 즐거
움을 주는지를 생각해야 합니다. 그래야 와인이 진
정한 행복과 기쁨의 술이 될 수 있는 것입니다. 이
만남을 주선하는 사람으로서 미식가의 역할이 있
을 것입니다.

_김준철(저술가, 김준철 와인스쿨원장)

세상에서 가장 맛있는 물은 타는 듯한 갈증이 날 때 마시는
물입니다. 세상에 아무리 맛있는 음식도 그 물을 대체할 수는 없
습니다. 무미무취의 동일한 물이라도 상황에 따라 우리의 쾌감
은 완벽히 달라집니다. 맛에 절대적 기준이나 객관성을 찾는 것
은 과한 욕심이고 상황에 따른 기준은 도전해볼 만한 것이겠지
요. 사실 요즘 음식은 굳이 맛을 따질 필요가 없을 정도로 모두
맛있습니다. 믿기지 않으면 3일 정도만 굶은 후에 먹어 보면 됩
니다. 그것은 우리 조상의 흔한 삶의 모습이고, 맛의 기준이기도

했습니다. 세상에 음식은 이미 충분히 맛있는데, 우리는 더 큰 자극을 좇아 날마다 새로운 맛의 경쟁을 펼치고 있습니다.

맛은 시대에 따라 항상 변해왔습니다. 가끔 미식 논쟁에서 자신의 주장이 절대적인 사실인 듯 강하게 이야기하는 사람들이 있는데, 굳이 그렇게 심각할 필요는 없습니다. 맛은 절대성의 세계가 아니라 상대성의 세계이니 우열을 따지기보다 취향이나 의미를 존중하면 훨씬 좋지 않을까요? 사실 최고의 맛만 고집하다 보면 어느 순간에 그 맛도 평범해지고, 맛에 대한 미지의 기대도 사라질 수밖에 없습니다. 우리 몸의 쾌감 엔진이 그렇게 설계되어 있으니까요.

미식의 가치는 행복에 있지 건강에 있지는 않습니다. 아무도 미식가를 영양 감별사나 건강식품 감별사라고 하지 않죠. 따라서 미식이 절대적 가치를 가진 듯 말하는 것은 지나친 주장입니다. 음악은 생존에 꼭 필요한 양식을 주거나 배부르게 하지 않지만 누구도 그 가치를 부정하지 않습니다. 미식 역시 마찬가지입니다. 생존에 반드시 필요하지는 않지만 우리에게 즐거움과 행복감을 주는 것만으로도 충분한 가치가 있습니다.

좋은 미식가나 미식 평론가가 있다면 그가 우리에게 주는 첫 번째 혜택은 맛의 지평을 넓힌다는 것입니다. 사람들은 보통 자기가 먹어본 맛은 긍정적으로 평가하지만 생소한 것은 부정적으로 판단합니다. 미각은 원래 보수적이기 때문입니다. 다양한 맛을 세심하게 먹고 관찰한 미식가는 우리를 새로운 맛의 세계로 인도할 수 있습니다. 대중이 선호하는 맛과 다른 맛이 존재한다는 것을 알려주고, 음식의 의미나 맥락의 이해를 통해 그 음식을 더 행복하게 즐길 수 있게 해주는 것이죠.

재료보다 의미가 소중해졌다

앞으로 미식의 가치는 재료보다 의미에서 찾아야 할지도 모릅니다. 세계 3대 진미로 캐비아, 푸아그라, 트러플송로버섯을 꼽았는데 캐비아는 멸종 위기라서, 프라그라는 잔인성 때문에 빛이 많이 바랬지요. 또 다른 진미인 상어지느러미 요리도 멸종 위기와 잔인성 때문에 전 세계적으로 퇴출되고 있습니다. 상어를 통째로 먹으면 좀 더 논란이 적었을 텐데, 고기는 맛이 없다고 지느러미만 잘라낸 뒤 몸통은 다시 바다에 버리는 게 일반적이라고 합니다. 부레가 없는 상어는 수영을 못하고 결국 고통 속에 익사합니다.

그런데 이런 호소에는 별로 꿈쩍하지 않던 사람들이 상어 속 수은이 보통의 음식의 47배라고 하자 주춤했다고 합니다. 바다 생선은 대부분 육식이고 서로가 서로를 잡아먹는 관계라서 육지의 육식동물보다 금속의 축적 비율이 높아지죠. 최상위 포식자 중 하나인 상어에는 당연히 수은 축적량이 많을 수밖에 없습니다. 사실 삭스핀은 콜라겐이 많아 영양적 가치는 별로 없고, 독특한 식감이 매력입니다. 그러니 괜히 상어를 잡아 수은이 많은 지느러미를 먹을 것이 아니라, 젤라틴 같은 것으로 만든 대용품 모조 삭스핀이 더 낫다고 해야겠지요. 잔인하지도 않고 수은도 없으니 영양이나 안전 면에서도 진짜보다 괜찮지 않을까요? 하지만 모조품이라는 것을 아는 순간, 아마도 우리는 순식간에 입맛을 잃어버릴 것입니다. 똑같은 피카소의 그림이라도 진품의 아우라에 감동하고 가품에는 아무런 감정도 느끼지 못하는 능력을 우리는 가지고 있기 때문이죠.

좋은 재료가 좋은 맛이고 미식의 기준이라면 좋은 재료의 기준은 대체 무엇일까요? 나는 평범한 재료로 비범한 맛을 내는 것이 굉장히 존중받을 가치가 있다고 생각합니다. 세상에 인간을 위한 음식으로 창조된 생물은 없습니다. 따라서 음식에는 항상 어느 정도 잔인성이 들어 있지요. 그래서 그것까지 고려한 음식이 더욱더 가치 있는 것일 겁니다.

점점 더 부드러워지는 음식들

요즘 음식은 놀랍도록 단순화되고 있습니다. 겉모습은 화려해지고 이국적인 메뉴가 등장해 다양한 것처럼 보이지만 실은 그렇지 않습니다. 경제성의 이유로 옥수수, 쌀, 밀, 콩에 대한 의존도는 높아지고 나머지 곡물은 점점 비중이 감소하고 있습니다. 과도한 가성비의 경쟁 속에서 경쟁력이 있는 식재료만 남고 나머지는 도태되는 것이죠. 국내 어느 식당을 가나 메뉴나 반찬이 비슷합니다.

보건당국의 정책도 의도하지 않게 획일화에 한몫합니다. 나트륨이나 당류 저감화 정책을 추진한다고 하면, 먼저 그것의 함량이 높은 것을 대상으로 합니다. 가령, 짭짤한 장조림은 감칠맛의 극치입니다. 몇 조각만 있어도 잘게 찢어 밥 한 그릇 뚝딱 먹어 치울 수 있죠. 사실 그렇게 먹는 것이 쌀 소비량은 많고 고기 섭취량은 적어 몸과 환경에 부담이 적은 식사법입니다. 그런데 나트륨의 관점에서 보면 장조림은 위해 가능 식품입니다. 김치, 장류, 절임 식품 역시 나트륨 저감화의 대상이 될 수밖에 없지요. 하지만 나트륨 저감화를 해도 섭취량을 늘리면 그만입니다.

요즘은 각 식품의 개성이 존중받는 시대가 아닌 것 같습니다. 그저 대부분이 관리의 대상일 뿐이죠. 모난 돌이고 정 맞는다고 조금이라도 튀면 비난을 받기 십상입니다. 예를 들어, 라면은 가장 가성비가 높고, 공장에서 만들 때 음식 재료의 낭비가 거의 없고, 먹고 난 후 음식물 쓰레기도 거의 없는 가장 친환경적인 음식 중 하나입니다. 그런데 라면에 대해 우호적으로 이야기하는 사람은 별로 없습니다. 영양 불균형에 대한 편견은 더 우스꽝스럽죠. 다른 일반 식품에 비해 전혀 영양이 불균형한 편이 아니고, 곁들이는 음식으로 쉽게 해결이 가능합니다.

음식을 골고루 먹으라고 말하는 것은 한 가지 음식으로 필요한 영양을 모두 채울 수 없기 때문입니다. 즐거움의 측면에서도 그렇고요. 음식 각각의 개성과 장점은 존중하지 않고 단점만 지적해 그것을 모두 보완하라고 한다면, 골고루 먹어야 할 하등의 이유가 없어집니다. 그리고 그 최종 결과물은 인간용 사료가 아니고 무엇일까요?

애완동물에게 건강과 안전의 측면에서 최고의 음식은 사료입니다. 이것저것 나름 정성껏 챙겨 먹이는 것보다 병도 적게 걸리고 오래 삽니다. 사람의 음식에서 영양, 안전, 위생, 건강을 지나치게 강조하면 결국 음식은 개성을 잃고 똑같아집니다. 인류가 쌓아온 음식 문화 역시 사라질 것입니다. 이미 음식은 무섭게 획일화되거나 사라지고 있습니다. 아무도 주목하지 않지만 물성 측면에서 특히 그렇습니다. 예전에는 거칠고 단단한 음식이 많았는데, 최근에 그런 음식은 거의 전멸했습니다. 이로 자르거나 꼭꼭 씹을 필요가 없는 음식으로 바뀌고 있는 것이죠. 어릴 때 부드러운 것만 먹으니 아이들의 턱관절은 발달하지 못하고 V라인이 되어 치아가 자랄 공간이 부족해집니다. 결국 치아가 고르게 나지 않아 음식을 끊거나 씹는 데 어렵습니다.

예전에는 먹을 것이 부족하니 생쌀도 씹어 먹었습니다. 마른 오징어는 질겨서 오히려 인기였죠. 오래 먹을 수 있었거든요. 하지만 지금은 반 건조 오징어도 질기다고 하고, 냉면도 끊지를 못해 반드시 잘라야 먹을 수 있습니다. 예전에는 얼음이 와삭와삭 씹히는 팥빙수가 인기였는데 지금은 눈처럼 곱게 갈아야 인기입니다. 과일도 간 것을 빨대로 먹습니다. 단단한 것을 씹지 않으니 턱관절과 치아는 더 약해지고 치아가 약해졌으니 단단한 음식은 더 피하게 되는 것입니다.

바야흐로 부드러운 음식만 살아남는 시대입니다. 그리 머지 않은 미래에는 어쩔 수 없이 유동식을 먹을 수밖에 없는 시대가 될지도 모르겠습니다. 그때는 거의 같은 원료에, 같은 물성에, 같은 영양의 음식일 테니 보건당국의 훈계도 없어지겠군요.

사람들이 카페에서 소비하는 것

최근 커피숍이 엄청나게 늘었고 카페에서 공부하는 사람도 많습니다. 공부는 조용한 집이나 도서관을 이용하면 좋을 것 같은데 카페가 인기인 것은 왜일까요? 사람들이 카페에서 진정으로 소비하는 것은 커피일까요, 아니면 또 다른 욕망일까요?

원두에서 한 잔의 커피가 완성될 때까지는 많은 정성이 필요합니다. 그래서 만들어진 향은 커피의 절대적인 매력이죠. 에스프레소는 마신 후에도 밀도 높은 강렬한 향이 지속되는 묘약입니다. 가정에서 한가로운 시간을 보내며 커피를 준비하는 것은 훌륭한 요리의 일부입니다. 커피는 무엇보다 카페인이라는 강력한 비밀 병기를 가지고 있습니다. 카페인이 있으면 아데노신의 신호 작용을 방해하므로 뇌는 피로를 인지하지 못하고 각성 상태를 유지합니다. 뇌가 활력이 증가한 것처럼 착각하는 것입니다. 그리고 도파민의 분비를 촉진해 쾌감을 줍니다. 건강을 위해 카페인을 제거한 커피가 생각보다 성공하기 힘든 이유가 바로 이것이죠.

전쟁은 1940년경 개발된 인스턴트커피의 대중화에 크게 기여했습니다. 충분한 수면을 취하지 못하고 싸워야 하는 군인에게 큰 힘이 되었죠. 현대인들에게는 일상이 전쟁터라 카페인이 많은 음료가 인기인 것 같아 씁쓸하기도 합니다. 그런데 이러저러한 감각과 생리적 이유를 합해도 요즘 커피가 대세인 이유의 1/3 도 설명하지 못합니다. 인간의 사회성에서 기인한 여러 가지 욕망들이 오히려 커피의 인기 비결을 더 잘 설명합니다.

어쩌면 카페는 장소가 주고, 커피는 덤일지도 모릅니다. 사람은 식당에 가면 음식뿐 아니라 암묵적으로 느끼는 전체적인 경험에 비용을 지불합니다. 영화관에 영상만이 아니라 영화관이라는 문화를 체험하러 가듯 말이죠. 단지 목적이 영상이라면 집에서 편안하게 TV로 보겠지요. 영화관은 영상 그 이상의 체험이기에 비용과 번거로움을 감수하고 영화관에 가는 것입니다. 이런 의미로 본다면 왜 사람들이 카페에서 공부하는지 이해할 수 있습니다. 갈수록 개인화되는 사회 속에서 카페라는 공간은 안도감과 소속감을 줄 것입니다. 무의식 속에서 누군가와 연결되어 있다는 느낌, 어쩌면 마음 한 곳의 허전함을 채우고 싶은 절실한 몸부림인지도 모르겠습니다.

우리의
식문화가
바뀌고 있다

혼밥, 혼술, 혼자가 편한 사람들

식사란 사회적인 행동입니다. 선사시대부터 현대까지 혼자 음식을 마련하고, 혼자 먹는 경우는 거의 없었습니다. 사냥도 농사도 공동의 운명이고, 같이 사냥하고 함께 식량을 구해서 나누어 먹었습니다. 아직도 수렵 채집을 하는 파라과이의 원시부족 아체족을 보면 힘들게 잡은 고기를 식구끼리만 먹지 않고, 항상 무리의 전체 구성원과 한자리에 둘러앉아 공평하게 나누어 먹는다고 합니다. 가장 공을 세운 사람이나 전혀 공을 세우지 않은 사람도 나누어 먹는 고기 양은 거의 같습니다. 그래야 자신이 사냥에 실패했을 때, 주위사람 또한 먹을 것을 나누어줄 것이기 때문입니다. 나눔이 최고의 사회적 보험인 셈입니다.

　　　　　　　　10장. 본성을 이해하면 맛은 행복해진다

사냥을 잘하는 사람은 고기를 더 차지하려고 하지 않고 단지 명성에 만족해합니다. 지나가는 곳마다 '저 남자가 사냥을 잘한다!' 하는 수군거림을 들으면서 어깨를 으쓱이는 것을 최고의 보상으로 여깁니다. 좀 더 많은 고기를 얻는 것보다 말이죠.

그런데 요즘은 혼자 밥을 먹고, 혼자 술을 먹는 사람들이 많아지고 있습니다. 육체적 허기와 이성적인 허기는 채웠지만 감정적이고 무의식적인 허기가 채워지지 않나 봅니다. 현대인은 과거 어느 때보다 자유롭게 살아가기에 행복하게 보이지만 자유는 행복과는 별로 관련이 없는 단어인 것 같습니다. 요즘 인터넷 먹방이 인기입니다. 맛에 대한 어떤 정보를 제공하는 것이 아니라 개인 방송 BJ들이 웹캠 앞에서 자신이 '먹는' 모습을 보여줍니다. 떡볶이, 치킨, 탕수육, 짜장면 등 메뉴도 다양합니다. 인기 있는 방송은 2만 명이 넘는 사람이 들어온다고 하니, 실로 놀라운 일이죠. 남이 먹는 것을 쳐다보면서 사람들이 채우려 하는 욕망은 무엇일까요?

혼자서는 행복하기 힘들다

인간은 체격에 비해 아주 큰 뇌를 가졌습니다. 에너지 과소비 기관이라고 할 수 있는데, 이런 큰 뇌는 수학이나 과학을 잘하라고 만들어진 게 아닙니다. 수백만 년 전 인류의 환경은 너무나 악화되어 나무에서 내려와야 했습니다. 인간은 서로 협력하지 않으면 생존하기 어려운 환경에 노출되었습니다. 연약한 인류가 포식자에게 대응하려면 상호 호혜가 바탕이 되어야 합니다. 협력하는 숫자가 많을수록 생존에 유리했고, 큰 사회적 무리에 어울리려면 큰 뇌가 반드시 필요했습니다.

우리의 몸과 욕망은 수렵채집인의 삶에 맞도록 설계된 것입니다. 그런데 현대인은 유전자 깊숙이 각인된 욕구와 본능과는 전혀 어울리지 않는 삶을 살고 있습니다. 농경이 시작되기 바로 전이 인류가 매머드 같은 대형 동물을 사냥하던 시대였죠. 매머드 사냥은 한 부족 전체 인원이 나서도 어렵고 위험한 일이었습니다. 하지만 매머드 사냥의 과정에서 원시 부족은 현대인이 상상하기조차 힘든 흥분과 기쁨을 누렸습니다. 사냥에 성공하면 한 달 이상은 아무런 근심 걱정 없이 즐겁게 살 수 있었죠. 지금처럼 매일 스트레스를 받고, 미래를 미리 걱정하는 삶과는 엄청난 차이가 있습니다.

우리는 바로 그 원시인 유전자를 그대로 간직하고 있습니다. 그런 갈증을 해소하기 위해 시장에서 생선을 구입하는 대신 훨씬 비용이 많이 드는 낚시에 매료되고, 소득 없이 위험하기만 한 익스트림 스포츠에 매료되며, 월드컵 4강 당시 다같이 모여 응

원하면서 온 국민이 열광하기도 했습니다. 그래 봐야 매머드를 사냥할 때 느꼈던 리얼한 흥분과 단결, 도전과 성취, 그리고 사냥이 끝나고 난 뒤 오랫동안 지속되는 유대감과 비교할 수 있겠습니까?

우리는 점점 유전자에 심어진 본성욕구과 반대되는 삶을 추구하고 있습니다. 그래서 이성적으로는 만족하지만 본능으로는 전혀 만족스럽지 못한 불일치의 시대를 살아가고 있습니다. 인류의 본성과는 상반된 가치를 추구하면서 내면의 갈증만 키우고 있는 것이죠. 그래서 가진 것과 누리는 것에 비해 행복하지 못한 것 같습니다. 우리의 본성에 대한 이해가 가장 필요한 시기 같습니다.

사회성은 훈련의 결과이다

사회성은 저절로 타고난 것이 아니라 경험을 통해 제대로 틀을 갖추는 것입니다. 요즘 아이들은 또래와 놀면서 사회적 규칙을 알기보다는 학교와 수업이라는 만들어진 틀에서 살아갑니다. 뇌에 사회성이 정상적으로 정착될 결정적인 시기를 지나치는 것입니다. 그래서 인간관계에 서툴고 혼자 밥을 먹기도 합니다. 홀로 집에서 먹방을 보는 사람들이 많아지는 것도 이런 이유 때문이 아닐까요? 웰빙, 다이어트, 미식을 논하기 전에 이런 우리의 모습부터 살피는 것이 더 중요한 것 같습니다.

사람과 관계 맺기를 피곤하게 느끼지만 소외감은 또 두렵습니다. 혼자 방에서 공부하는 것보다 카페에 가야 심리적으로 안심이 됩니다. 혼자 밥을 먹으면서도 남이 밥 먹는 것을 구경합니다. 우리의 이런 욕망에는 이기적인개인주의 유전자와 이타적인사회성 유전자가 충돌하고 있습니다. 음식을 통해 어떤 경험을 누구와 함께하느냐가 맛 자체보다 훨씬 중요합니다. 맛 과잉 시대, 우리는 더 좋은 음식을 찾기 이전에 자신의 욕망과 본성에 대해 좀 더 제대로 들여다볼 필요가 있습니다.

10장. 본성을 이해하면 맛은 행복해진다

맛과
행복은
발견하는 것이다

다시, 맛의 발견

이 책의 첫 장에서 나는 맛의 발견에 대해 이야기했습니다. 이제 수많은 이야기를 정리하는 지금, 다시 맛의 발견으로 돌아가야 할 것 같습니다. 아마도 이것이 맛에 대해 여러분께 가장 해주고 싶었던 이야기가 아닐까 싶기도 하네요.

매슬로우의 욕구 5단계 이론Maslow's Hierarchy of Needs에 따르면 1단계는 식욕, 성욕, 수면욕 같은 생리적 욕구이고, 2단계는 안전의 욕구, 3단계로 애정과 소속감의 욕구, 4단계가 존중의 욕구, 그리고 마지막은 자아실현의 욕구라고 합니다. 그런데 맛에는 이런 모든 욕구가 반영되어 있습니다. 맛을 제대로 이해하는 것은 인간 현상의 내면을 들여다보기 가장 좋은 창문이 아닐까 생각합니다. 사람들은 식욕과 같은 생리적 욕구를 가장 낮은 단계의 욕구로 봅니다. 자아실현과 같은 욕망을 가장 높은 차원의 욕망으로 보지만 반대로 뒤집어도 아무 차이가 없습니다. 여러 가지 성취 중 사랑하는 사람이나 가족과 즐겁게 식사하면서 정을 나누는 일보다 대단한 것은 없기 때문입니다.

과거보다 먹을거리가 풍족해지고 평균 생활 역시 안락해진 지금, 우리는 얼마나 행복한가요? 100년 전의 사람이 현대에 온다면 아마 꿈꾸었던 것이 모두 실현되었다고 할 것입니다. 그럼에도 우리는 그다지 행복하지 못합니다. 직장인의 태반이 저녁이 없는 삶을 살고 있기도 하고요.

세상에 절대적인 행복은 없고, 모두 자신의 기대에 따라 달라지는 것입니다. 문제는 기대치에 도달하자마자 적응이 시작되어 기대치는 다시 높아진다는 것이죠. 맛도 그렇습니다. 행복감은 일시적일 수밖에 없고 우리가 무엇을 성취했든지 간에 만족과 동시에 또 다른 갈망을 키우지요. 이것이 바로 인류가 세상을 정복하는 데 그토록 성공적이었지만 그 힘을 행복으로 바꾸지는 못한 원인인 것 같습니다. 우리는 한 번도 제대로 스스로의 본성과 욕망을 제대로 이해하려 하지 않았고, 행복해지는 훈련을 해본 적도 없습니다. 맛은 존재하는 것이 아니라 발견하는 것이고, 행복 역시 마찬가지인데 말입니다.

10장. 본성을 이해하면 맛은 행복해진다

참고문헌

1장. '맛'을 발견하다

《나 홀로 미식수업》, 후쿠다 가즈야 지음, 박현미 옮김, 흐름출판, 2015

《브레인 센스》, 페이스 히크먼 브라이니 지음, 김미선 옮김, 뿌리와 이파리, 2013

《Flavor, 맛이란 무엇인가》, 최낙언 지음, 예문당, 2012

《맛의 원리》, 최낙언 지음, 예문당, 2015

《미식예찬》, 장 앙텔므 브리야 사바랭 지음, 홍서연 옮김, 르네상스, 2004

《오감 프레임》, 로렌스 D. 로젠블룸 지음, 김은영 옮김, 21세기 북스, 2011

2장. 단맛 이야기

《바이탈 퀘스천》, 닉 레인 지음, 김정은 옮김, 까치, 2016

《설탕의 세계사》, 기와기타 미노루 지음, 장미화 옮김, 좋은책 만들기, 2003

《설탕, 세계를 바꾸다》, 마크 애론슨·마리나 부드호스 공저, 설배환 옮김, 검둥소, 2013

《설탕과 권력》, 시드니 민츠 지음, 김문호 옮김, 지호, 1998

《음식과 요리》, 해롤드 맥기 지음, 이희건 옮김, 백년후, 2011

3장. 짠맛 이야기

《감칠맛과 MSG 이야기》, 최낙언·노중섭 공저, 리북, 2015

《나트륨, 건강 그리고 맛》, 이숙종·이철호 공저, 식안연, 2014

《배신의 식탁》, 마이클 모스 지음, 최가영 옮김, 명진출판, 2013

《생리심리학》, Neil R, Carlson 지음, 정병교·현성용·윤병수 공역, 박학사, 2008

《세상을 바꾼 다섯 가지 상품 이야기》, 홍익희 지음, 행성B 잎새, 2015

《소금의 과학》, 정동효 편저, 유한문화사, 2013

4장. 매운맛 이야기

《고추는 나의 힘》, 전도근 지음, 북오션, 2011

《음식의 역사》, 레이 태너힐 지음, 손경희 옮김, 우물이 있는 집, 2006

5장. 향 이야기

《왜 그녀는 그의 스킨 냄새에 끌릴까》, 에이버리 길버트 지음, 이수연 옮김, 21세기 북스, 2009

《향수, 과학 혹은 예술》 김상진·권소영·간수연 공저, 훈민사, 2010

《Flavor chemistry and technology》, Gary Reineccius 지음, Taylor & Francis, 2005

《Flavor perception》, Andrew J. Taylor 지음, Blackwell Publishing, 2004

6장. 숨겨진 감각의 힘과 맛의 과학

《괴짜 과학자, 주방에 가다》, 제프 포터 지음, 김정희 옮김, 이마고, 2011

《맛있는 요리에는 과학이 있다》, 아라후네 쇼시타가 등저, 김나나·주미경·이여주 공역, 홍익출판사, 2013

《아인슈타인이 요리사에게 들려준 이야기》, 로버트 L. 월크 지음, 이창희 옮김, 해냄, 2003

《우리 몸이 원하는 맛의 비밀》, 노봉수 지음, 예문당, 2014

《요리본능》, 리쳐드 랭엄 지음, 조현욱 옮김, 사이언스북스, 2011

《제2의 뇌》, 마이클 D 거숀 지음, 김홍표 옮김, 지만지, 2013

7장. 감각, 착각, 환각 그리고 지각

《그림으로 읽는 뇌과학의 모든 것》, 박문호 지음, 휴머니스트, 2013

《뇌의 가장 깊숙한 곳》, 케빈 넬슨 지음, 전대호 옮김, 해나무, 2013

《뇌의 왈츠》, 대니얼 J. 레비턴 지음, 장호연 옮김, 마티, 2008

《라마찬드란 박사의 두뇌 실험실》, V.S. 라마찬드란 지음, 신상규 옮김, 바다출판사, 2007

《마음의 눈》, 올리버 색스 지음, 이민아 옮김, 알마, 2013

《명령하는 뇌, 착각하는 뇌》, V.S. 라마찬드란 지음, 박방주 옮김, 알키, 2012

《뮤지코필리아》, 올리버 색스 지음, 장호연 옮김, 알마, 2012

《생각하는 뇌, 생각하는 기계》, 제프 호킨스·샌드라 블레이크슬리 공저, 이한음 옮김, 멘토르, 2010

《시냅스와 자아》, 조시프 르두 지음, 강봉균 옮김, 동녘사이언스, 2005

《신경과학과 마음의 세계》, 제럴드 에델만 지음, 황희숙 옮김, 범양사, 2006

《의식의 탐구》, 크리스토프 코흐 지음, 김미선 옮김, 시그마 프레스, 2006

《환각》, 올리버 색스 지음, 김한영 옮김, 알마, 2013

8장. 최고의 맛이란 무엇일까?

《본성이 답이다》, 전중환 지음, 사이언스북스, 2016

《상상하지 말라》, 송길영 지음, 북스톤, 2015

《선택의 심리학》, 배리 슈워츠 지음, 형선호 옮김, 웅진지식하우스, 2005

《엘불리의 철학자》, 장 폴 주아리 지음, 정기헌 옮김, 함께 읽는 책, 2014

《왜 팔리는가》, 조현준 지음, 아템포, 2013

《장사는 전략이다》, 김유진 지음, 쌤앤파커스, 2016

《진화심리학》, 데이비드 버스 지음, 이충호 옮김, 웅진지식하우스, 2012

《3차원의 기적》, 수전 배리, 김미선 옮김, 초록물고기, 2010

9장. 맛은 뇌가 그린 풍경이다

《감각 착각 환각》, 최낙언 지음, 예문당, 2014
《감각과 지각》, 브루스 골드스테인, 김정오 옮김, 센게이지러닝출판, 2010
《단순한 뇌, 복합한 나》, 이케가야 유지 지음, 이규원 옮김, 은행나무,
2012
《미식 쇼쇼쇼》, 스티븐 풀 지음, 정서진 옮김, 따비, 2015
《인문학에게 뇌과학을 말하다》, 크리스 프리스 지음, 장호연 옮김, 동녘
사이언스, 2009
《통찰의 시대》, 에릭 캔델 지음, 이한음 옮김, 알에이치코리아(RHK), 2014
《Neurogastronomy》, Godon M. Shepherd 지음, Columbia University
Press, 2012

10장. 본성을 이해하면 맛은 행복해진다

《고삐 풀린 뇌》, 데이비드 J. 린든 지음, 김한영 옮김, 작가정신, 2013
《사피엔스》, 유발 하라리 지음, 조현욱 옮김, 김영사, 2015
《식탁 위의 쾌락》, 하이드룬 메르클레 지음, 신혜원 옮김, 2005
《우리는 왜 먹고, 사랑하고, 가족을 이루는가?》, 미셸 레이몽 지음, 이희
정 옮김, 계단, 2013
《우리는 왜 빠져드는가》, 폴 블룸 지음, 문희경 옮김, 살림출판사, 2011

《인간은 왜 위험한 자극에 끌리는가》, 디어드리 배릿 지음, 김한영 옮김, 이순, 2011

《쾌감 본능》, 진 윌렌스타인 지음, 김한영 옮김, 은행나무, 2009

맛 이야기

초판 1쇄 발행   2016년 10월 4일
초판 4쇄 발행   2021년 7월 14일

지은이   최낙언

펴낸곳   (주)행성비
펴낸이   임태주

출판등록번호   제2010-000208호
주소   경기도 파주시 문발로 119 모퉁이돌 303호
대표전화   031-8071-5913
팩스   0505-115-5917
이메일   hangseongb@naver.com
홈페이지   www.planetb.co.kr

ISBN 979-11-87525-07-3   03400

행성B는 독자 여러분의 참신한 기획 아이디어와 독창적인 원고를 기다리고 있습니다.
hangseongb@naver.com으로 보내 주시면 소중하게 검토하겠습니다.